答え58ページ

付録 論理パズル 台風《たいふう》の経路《けいろ》

1 下の図の・は、台風の中心を表しています。この台風の中心が①、②の地点に着くには、最短で何マス動けばよいかを答えましょう。また最短の進み方が何通りあるか答えましょう。図の矢印のように上・下・左・右にのみ線の上を１マスずつ進むことができます。

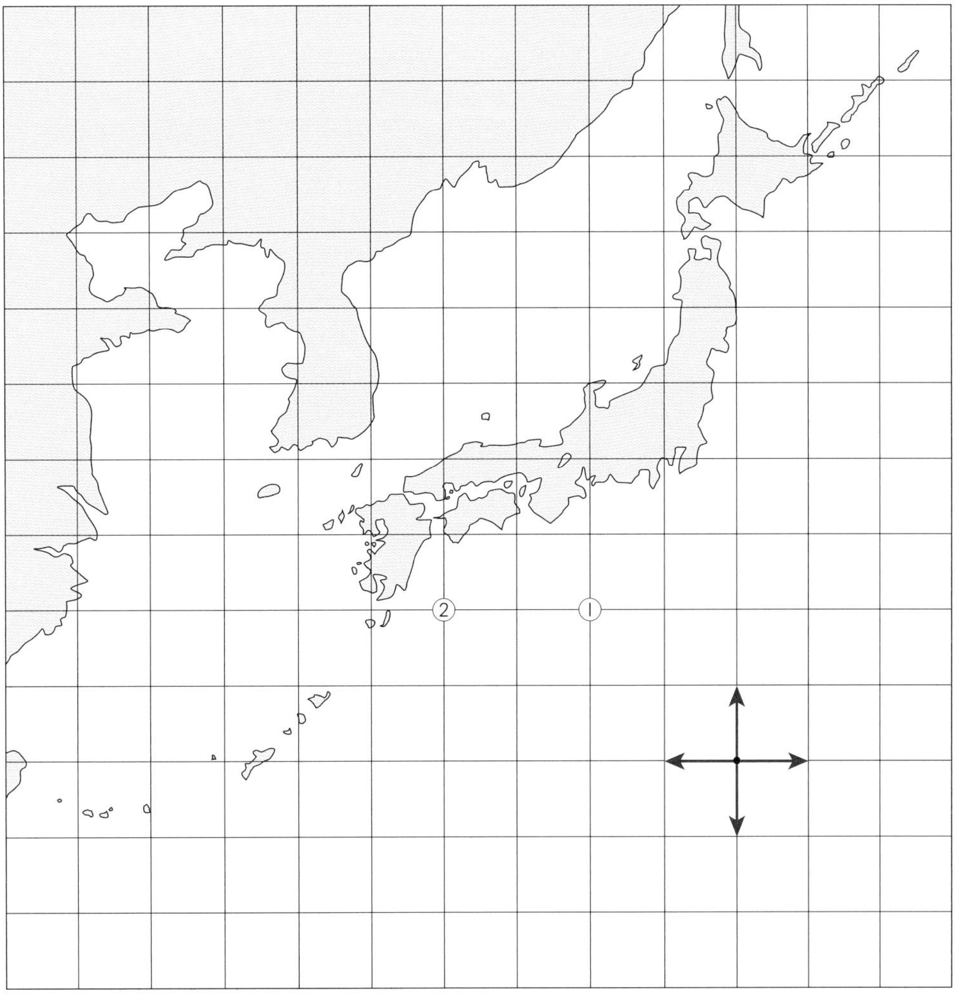

①（最短で　　　マス　　　通り）
②（最短で　　　マス　　　通り）

答え58ページ

付録 お話クイズ
電磁石《でんじしゃく》の不思議

このページは理科のお話を読み、問題に答えるコーナーです。
やり終えたら、文章を読み取れているか、答えを見て確《たし》かめましょう。

1 ドリル王子がかいた次の文章を読んで、問題に答えましょう。

電磁石の鉄心は、ぼう磁石《じしゃく》のように鉄をひきつける。電磁石の極について、次の①、②の方法で調べた。

〈実験〉

① 方位磁針《じしん》を使って、電磁石にN《エヌ》極、S《エス》極があるか調べた。

② かん電池をつなぐ向きを変えて、電流の向きを逆にするとどうなるか調べた。

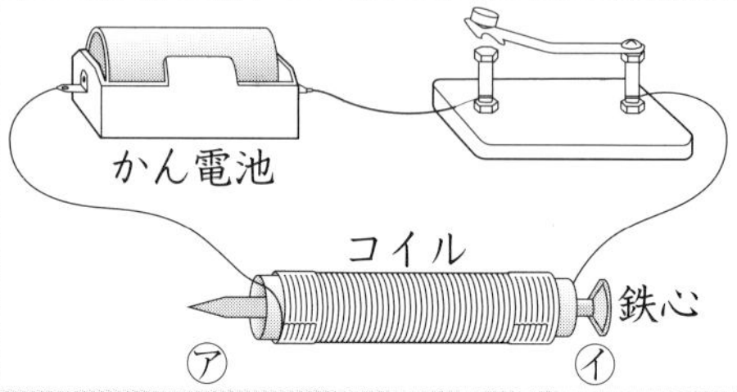

〈結果〉

① 電磁石に電流を流したとき、方位磁針の針は下の右図の向きになった。

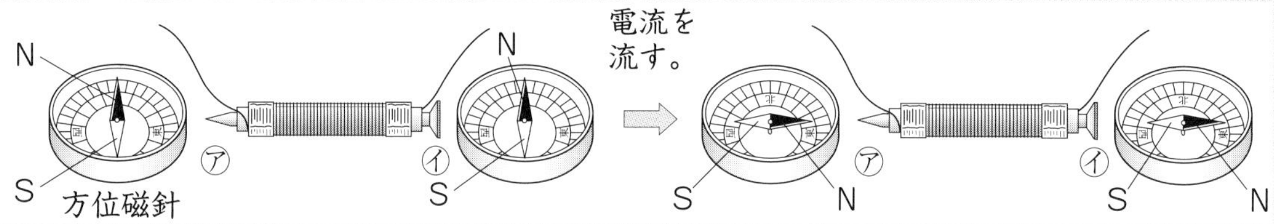

② 電流の向きを逆にすると、方位磁針の針の向きが①の右図とは逆になった。

〈考え・まとめ〉

① 電磁石には、ぼう磁石のように、N極とS極がある。

② コイルに流れる電流の向きが逆になると、電磁石のN極とS極が入れかわる。

(1) 電磁石にN極、S極があるか調べるために、何の向きを見て確認《かくにん》しましたか。

(　　　　　　　　　　)

(2) 結果①の右図の㋐と㋑の極を答えましょう。

㋐(　　　　)　㋑(　　　　)

(3) 結果②で、㋐、㋑はそれぞれ何極になりましたか。

㋐(　　　　)　㋑(　　　　)

1 天気の変化

1 雲の観察のしかた

月　日　時間10分　答え59ページ

名前

/100点

1 次の文の（　）にあてはまる言葉をかきましょう。 20点（1つ10点）

空全体の広さを10として、雲がおおっている空の広さが0～8のときを（　　　　）、9～10のときを（　　　　）とする。

2 空全体をさつえいした下の写真を見て、□にあてはまる言葉を「晴れ」、「くもり」から選んでかきましょう。同じ言葉を2回使います。 30点（1つ10点）

①雲の量が2のときの空のようす

□

②雲の量が8のときの空のようす

□

③雲の量が9のときの空のようす

□

3 次の雲の色や形について、（　）にあてはまる言葉を下の□から選んでかきましょう。 30点（1つ10点）

① 層積雲《そうせきうん》（うね雲）

・白っぽい色で（　　　　）ような形をしている。

② 巻積雲《けんせきうん》（いわし雲・うろこ雲）

・白い色で小さな（　　　　）のように見える。

③ 乱層雲《らんそううん》（雨雲）

・黒っぽい色で空一面に広がっている。（　　　　）や雪をふらせる。

雨　雲のうず　雲の集まり　波打った　うずまいた

20点（なぞりは点数なし）

だいじなまとめ

「晴れ」と「くもり」のちがいは、雲の量で決められている。空全体の広さを10として、雲がおおっている空の広さが0～8のときを（晴れ）、9～10のときを（　　　　）とする。

ヒント **1** **2** 天気については、雲の量で、「晴れ」「くもり」を区別しています。

雲のようすと天気の変化

1 雲のようすと天気の変化を観察しました。（　）にあてはまる言葉を下の□から選んでかきましょう。ヒント 実験

30点（1つ10点）

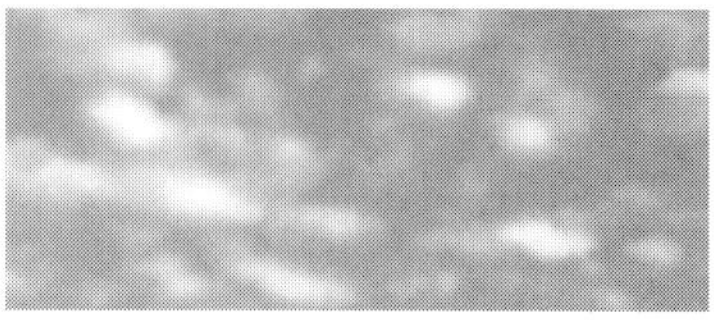

午前9時　（　　　　）　雲の量…4
・色や形…白くて小さな雲がたくさん集まっていた。
・動き…ゆっくりと（　　　　）から東へ動いていた。

正　午　（　　　　）　雲の量…9
・色や形…黒っぽい、もこもことした雲が、空に広がっていた。
・動き…午前9時のときよりもゆっくりと、南西から北東へ動いていた。

午後3時　雨　雲の量…10

くもり	晴れ	南	北	西	東

2 次の□にあてはまる言葉を、□から選んで答えましょう。同じ言葉を2回使います。

50点（1つ10点、(1)①は2つできて10点）

(1)　雲のようすと天気の変化の観察結果を記録するには、
①天気や雲の□、雲の□や形を記録する。
②雲の動く□□や速さなどを記録する。

(2)　雲が動く方位は、右の図のような□方位を使って表す。

(3)　校舎《こうしゃ》などを目安にして観察すると、雲の動く□□がわかりやすい。

(4)　「晴れ」と「くもり」のちがいは、□□□で決められている。

(1)①　　・
②
(2)
(3)
(4)

方位	8	色	雲の量	量

20点（なぞりは点数なし）

だいじなまとめ
雲には、色や（形）のちがうさまざまなものがある。天気の変化は、雲の量や動きなどと関係が｛ある・ない｝。

ヒント **1** 雲の動く方位は、8方位を使って表します。

天気の変化

月　日　時間10分　答え59ページ
名前
/100点

1 下の写真は、人工衛星《えいせい》による雲画像《がぞう》とアメダスによる雨の情報《じょうほう》です。(　　)にあてはまる言葉を下の□から選んでかきましょう。同じ言葉を２回使ってもよいです。60点(１つ20点)

①９月21日　午後３時　②９月22日　午後３時　③９月23日　午後３時

雲画像

雨の情報

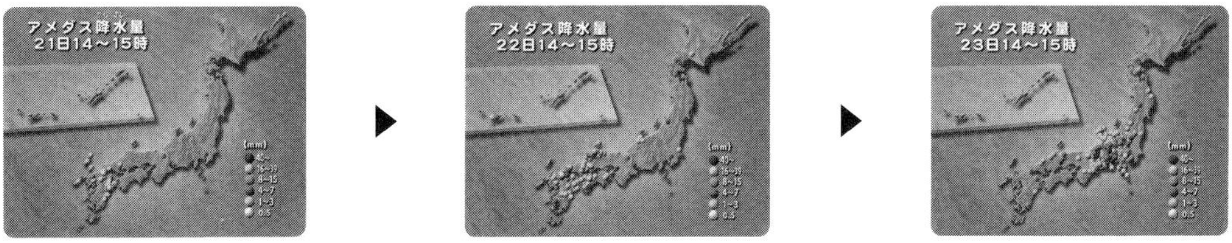

(1) 雲は(　　　　　　　　)の方向に動いている。ヒント

(2) 雨の情報は、(　　　　　　　　)という気象観測《きしょうかんそく》システムで観測されている。

(3) 雨の地いきは、(　　　　　　　　)の方向に動いている。ヒント

東から西	西から東	百葉箱	アメダス

2 次の問いに答えましょう。また、□にあてはまる言葉を答えましょう。30点(１つ15点)

(1) 右の画像の白い部分は、何を表していますか。

(2) この後白い部分は、およそ西から□へ動く。

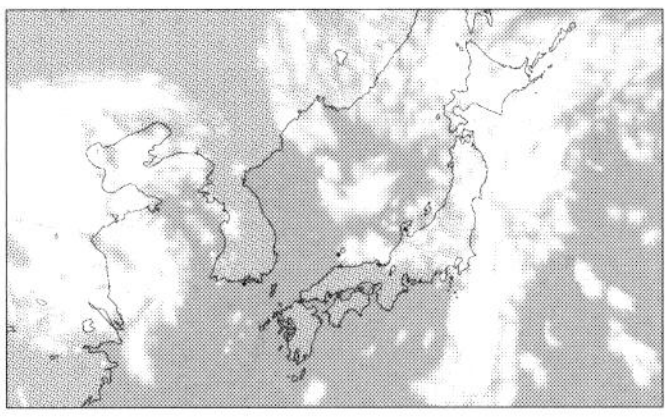

(1)

(2)

人工衛星から見たものだよ。

10点(なぞりは点数なし)

だいじなまとめ
日本付近では、雲がおよそ(西から東)へ動いていくので、天気も、およそ(　　　　　　　　)へ変化していくことがわかる。

ヒント **1** (1)(3)雲の動きにともなって、雨がふる地いきも変わっていきます。

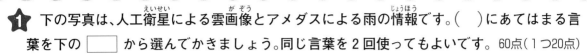

4 まとめのテスト1

月　日　時間15分　答え59ページ
名前
/100点

1 下の図を見て、次の問いに答えましょう。　60点(1つ20点、(2)、(3)は全部できて20点)

9月22日　9月23日　9月24日

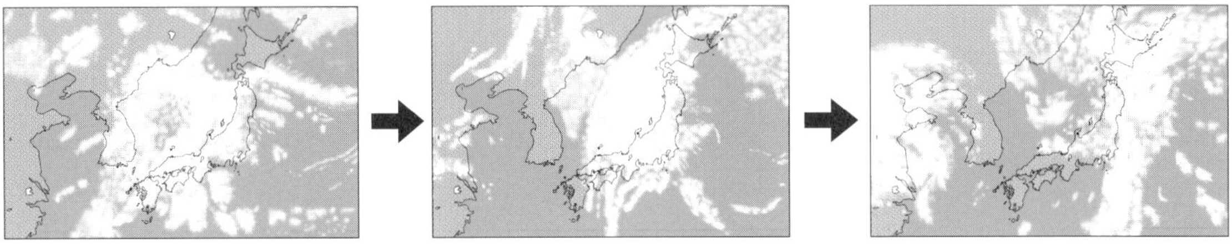

(1) 雲がかかっている地いきでは、どのような天気が考えられますか。次の中から最もあてはまるものに○をつけましょう。

①(　)晴れ　②(　)快晴《かいせい》　③(　)くもりか雨

(2) 雲は、およそどの方位からどの方位へ動いていますか。東、西、南、北から選んでかきましょう。　(　)から(　)へ

(3) 天気は、およそどの方位からどの方位へ変化していますか。東、西、南、北から選んでかきましょう。　(　)から(　)へ

2 図を見て、次の問いに答えましょう。　10点

仙台の天気は、次のどれだと考えられますか。正しいものに○をつけましょう。

①(　)晴れ　②(　)くもり　③(　)雨

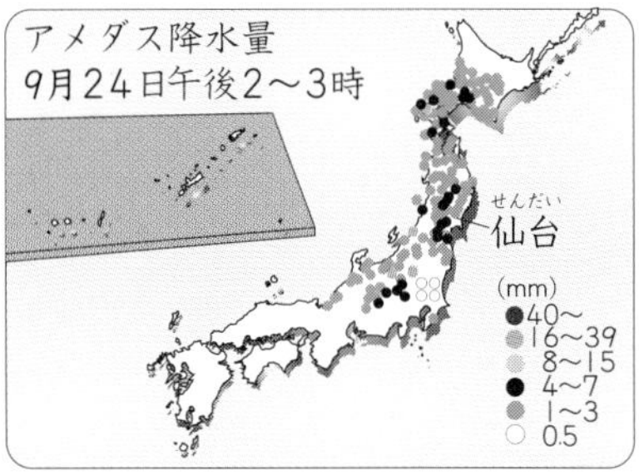
アメダス降水量
9月24日午後2～3時
仙台《せんだい》
(mm)
40～
16～39
8～15
4～7
1～3
0.5

3 天気について、次の文の(　)にあてはまる言葉をかきましょう。　30点(1つ6点)

日本付近では、雲がおよそ(　)から(　)へ動いていくので、天気もおよそ(　)から(　)へ変化していくことが多い。

例えば、九州や関西がくもりで関東が晴れのとき、次の日に関東では、(　)になると予想できる。

5 まとめのテスト2

1 下の図を見て、次の問いに答えましょう。　40点（1つ10点、(2)は全部できて10点）

人工衛星《えいせい》による雲画像《がぞう》　アメダスによる雨の情報《じょうほう》　雲のようす

9月21日　午後3時

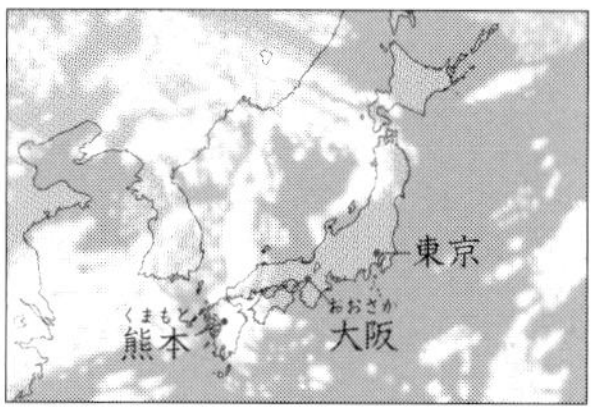

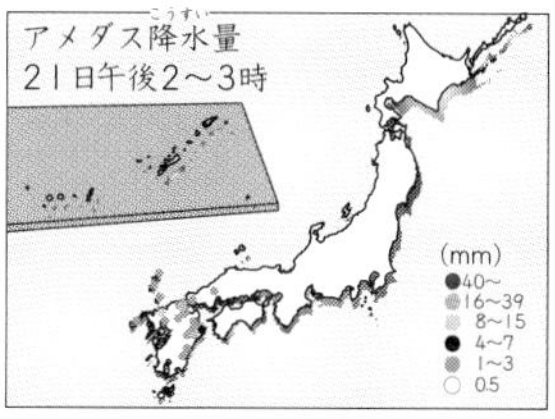

9月21日　熊本　東京

9月22日　午後3時

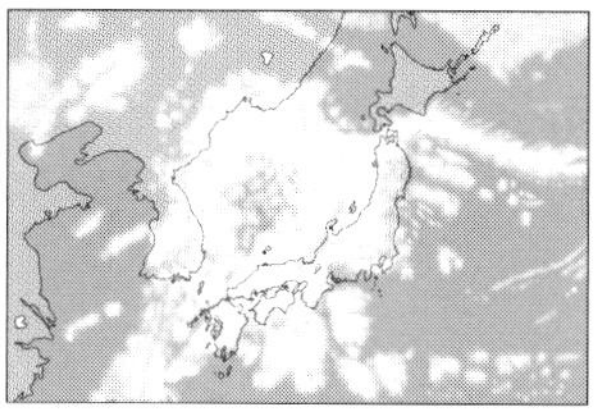

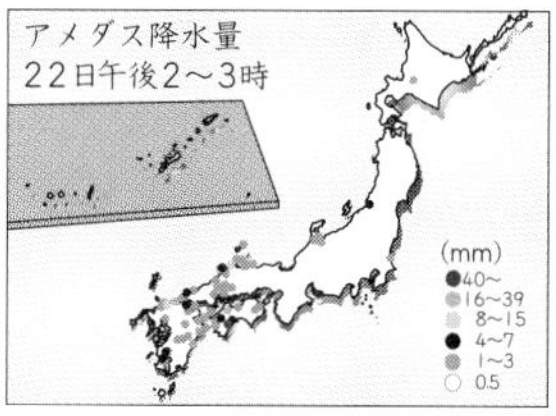

9月22日

(1)　9月21日と22日の午後3時の大阪の天気は、それぞれ「晴れ」、「くもり」ではどちらだと考えられますか。

①　9月21日……（　　　）　②　9月22日……（　　　）

(2)　9月23日の東京の天気は、何だと予想されますか。

（　　　か　　　）

(3)　(2)のように予想した理由をかきましょう。

（　　　　　　　　　　）

2 次の文はいろいろな雲についてのものです。下の写真からあてはまるものを選んで記号で答えましょう。　60点（1つ20点）

(1)　白っぽい色で波打ったような形をしている。（　）

(2)　黒っぽい色で空一面に広がっている。（　）

(3)　白い色で小さな雲がたくさん集まったような形をしている。（　）

① 層積雲《そうせきうん》（うね雲）　② 巻積雲《けんせきうん》（いわし雲・うろこ雲）　③ 乱層雲《らんそううん》（雨雲）

2 植物の発芽《はつが》

種子の発芽する条件《じょうけん》

月　日　時間10分　答え60ページ

名前

/100点

1 インゲンマメの種子が発芽する条件を調べます。(1)～(3)の条件を調べる実験方法を下の㋐～㋒の図から選び、(　)に記号をかきましょう。 ヒント 実験　45点(1つ15点)

(1) 空気(　　)　(2) 水(　　)　(3) 温度(　　)

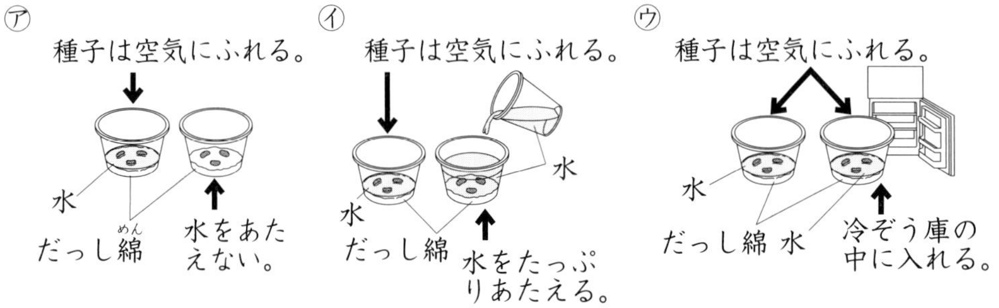
㋐
種子は空気にふれる。
水
だっし綿《めん》
水をあたえない。
㋑
種子は空気にふれる。
水
水
だっし綿
水をたっぷりあたえる。
㋒
種子は空気にふれる。
水
だっし綿 水
冷ぞう庫の中に入れる。

2 インゲンマメの発芽に必要な条件を調べる実験をしました。次の問いであてはまるほうの(　)に○をつけましょう。 実験　45点(1つ15点)

(1) ㋐には水をあたえ、㋑には水をあたえません。㋐、㋑とも空気にふれるようにし、あたたかいところに置きます。発芽するのはどちらですか。

(2) ㋒は種子が空気にふれて、㋓は種子が空気にふれません。㋒、㋓とも水をあたえ、あたたかいところに置きます。発芽するのはどちらですか。

(3) ㋔はあたたかいところに、㋕は冷たいところに置きます。㋔、㋕とも水をあたえて暗くし、空気にふれるようにします。発芽するのはどちらですか。

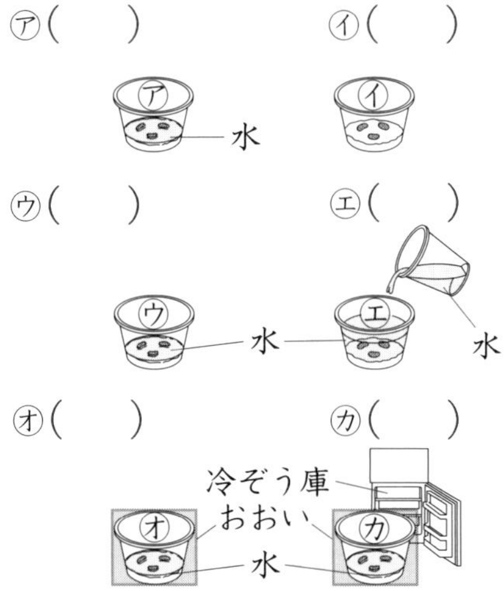
㋐(　)
㋑(　)
水
㋒(　)
㋓(　)
水
水
㋔(　)
㋕(　)
冷ぞう庫
おおい
水

下の(　)にあてはまる言葉をかこう。
※だいじなまとめにも点数があるよ。

なぞって覚えよう！

10点(なぞりは点数なし)

だいじなまとめ
種子が発芽するためには、(　　)・空気・適当《てきとう》な(温度)が必要である。

ヒント **1** 水をたっぷりあたえると、種子が空気にふれなくなります。

種子のつくりと養分

月　日　時間10分　答え60ページ
名前　/100点

1 インゲンマメの種子の発芽と養分を調べる実験について、次の問いに答えましょう。ヒント
実験　60点（1つ10点）

(1) 下の図の □ にあてはまる言葉を下の □ から選んでかきましょう。

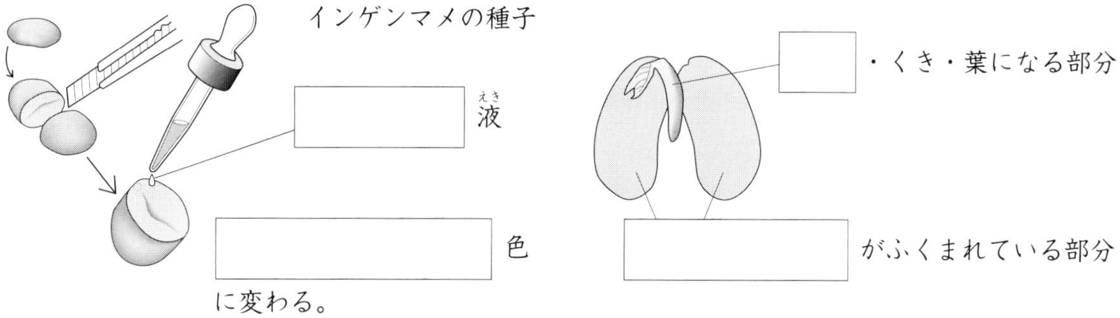

ヨウ素《そ》	でんぷん	青むらさき	黄緑	根

(2) 下の図の □ にあてはまる言葉をかきましょう。また、㋐～㋒の部分を横に切り、ヨウ素液をつけたとき、最もこい色になるのはどれですか。（　）に○をつけましょう。

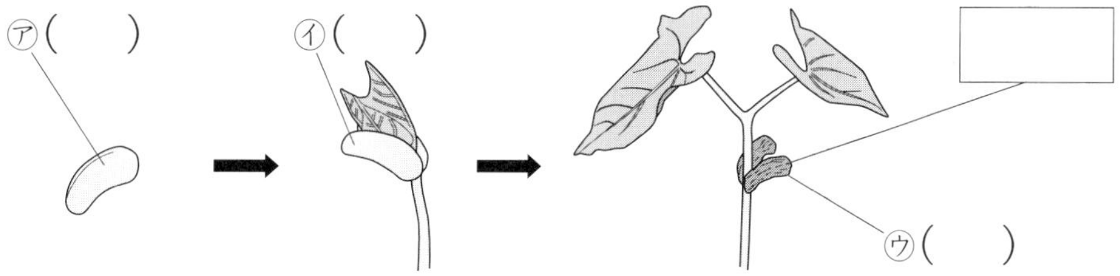

2 次の問いに答えましょう。また、□にあてはまる言葉を答えましょう。　20点（1つ10点）

(1) でんぷんがふくまれているかどうかを調べるには、何という液を使いますか。

(2) 種子の中のでんぷんは、発芽や成長のための□□として使われる。

(1)
(2)

{　}の中の正しい言葉を選んで、○で囲もう。　20点（なぞりは点数なし）

だいじなまとめ
種子の中にふくまれているでんぷんが、発芽して根・くき・葉が育つにつれて{ 少なく・多く } なるのは、発芽や成長のための（ 養分 ）として使われたからである。

ヒント **1** (1)実験に使う液は、でんぷんがふくまれているかどうかを調べることができます。
(2) □ の部分は、種をまいてから、はじめに出てくる葉です。

日光や肥《ひ》料《りょう》と植物の成長

月 日	時間10分	答え60ページ
名前		/100点

1 下のインゲンマメの図を見て、(　)にあてはまる言葉を下の［　］から選んでかきましょう。同じ言葉を２回使ってもよいです。 ヒント 実験　60点(１つ15点)

㋐日光に当てる

㋑日光に当てない

㋒肥料あり

㋓肥料なし

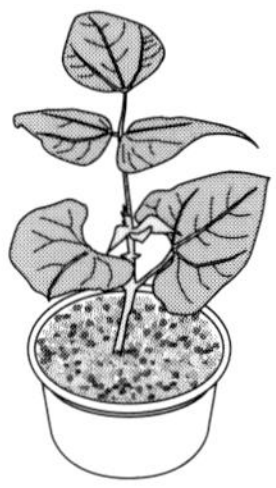

・㋐、㋑は、どちらも発芽に必要な条件(水・適当な温度・空気)で育て、肥料をあたえた。
・㋒、㋓は、どちらも発芽に必要な条件(水・適当な温度・空気)で育て、日光を当てた。
・植物に(　　　)を当てると、葉の(　　　)がこい緑色で、よく成長する。
・水のほかに(　　　)をあたえると、(　　　)をあたえないものよりよく成長する。

肥料	日光	水	色

2 インゲンマメについて次の(　)にあてはまる言葉を下の［　］から選んでかきましょう。　30点(１つ15点)

(1) 日光を当てると、葉の色がこい(　　　)になる。
(2) 肥料をあたえると、葉の数が(　　　)なる。

発芽	緑色	黒
多く	少なく	

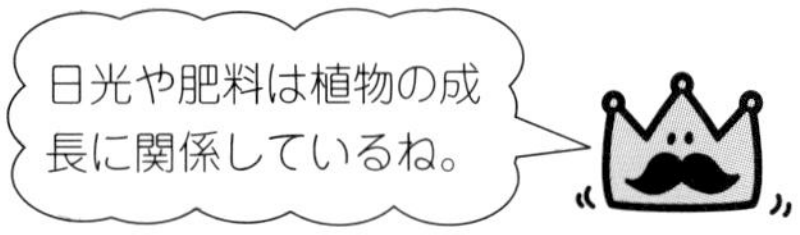
日光や肥料は植物の成長に関係しているね。

10点(なぞりは点数なし)

だいじなまとめ 植物は、(　　　)を当てるとよく成長する。また、(肥料)をあたえると、よく成長する。

ヒント **1** 植物に日光を当てたほうが、当てないほうよりよく成長します。

9 まとめのテスト1

月　日　時間15分　答え61ページ

名前

/100点

1 下の図のような、インゲンマメの種子を3個《こ》入れた試験管をあたたかい部屋《へや》の中に置きました。この実験について、次の問いに答えましょう。 実験　40点(1つ10点、(3)は順不同)

(1) 植物の種子が芽を出すことを何といいますか。

(　　　　)

(2) 芽が出る種子は、㋐～㋒のどれですか。記号で答えましょう。 (　)

(3) この実験から、種子が芽を出すためには何が必要だとわかりますか。必要な条件《じょうけん》を下の □ から2つ選んでかきましょう。

空気　光　水

(　　　　)(　　　　)

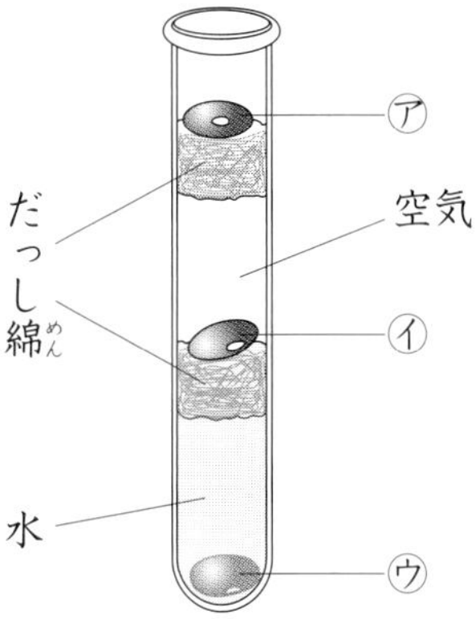

2 下の図は、インゲンマメの種子をたてに2つに切ったものと、発芽《はつが》してしばらくたった後のもののようすです。次の問いに答えましょう。 実験　60点(1つ15点)

(1) ㋐と㋑にヨウ素液《そえき》をつけました。色が変わるのはどちらですか。

(　)

(2) (1)の部分の色が変わることから、何という養分がふくまれているとわかりますか。 (　　　　)

(3) ㋒を切って、切り口にヨウ素液をつけました。発芽前の種子の切り口につけたときと比《くら》べて、色のこさはどうなりますか。正しいものに○をつけましょう。

①(　)こくなる。　②(　)同じこさである。　③(　)うすくなる。

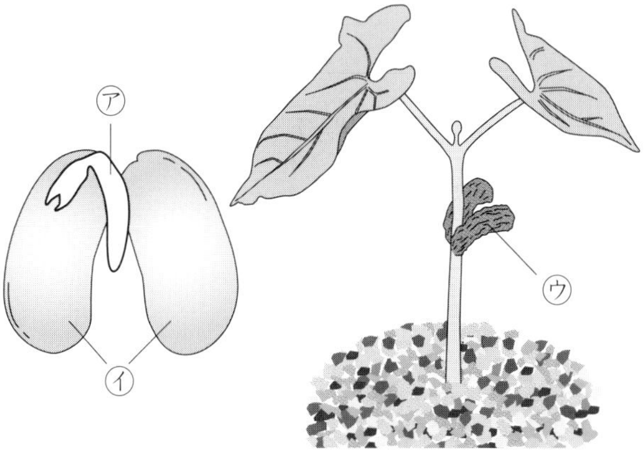

(4) (3)から考えて、種子にふくまれていた養分は、どうなったといえますか。(　)の中にあてはまる言葉をかいてまとめましょう。

種子の中のでんぷんが、(　　　　　　　　)。

10 まとめのテスト2

月　日	時間15分	答え61ページ
名前		/100点

1 同じくらいに成長した、3本のインゲンマメのなえを、肥料《ひりょう》をふくまない土に植え、㋐～㋒のようにして、日当たりのよいところで育てました。次の問いに答えましょう。 実験

80点（1つ20点）

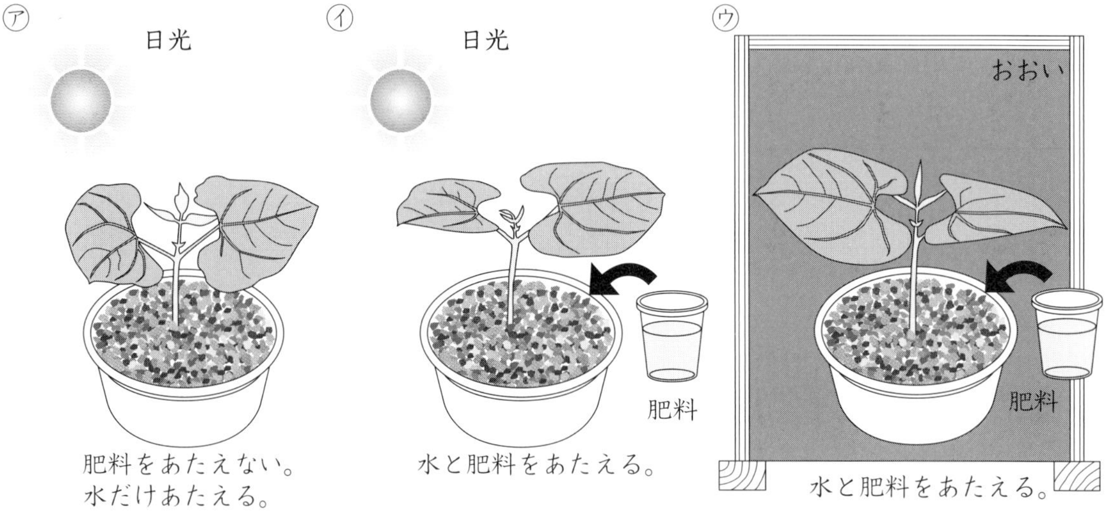

㋐
日光
肥料をあたえない。
水だけあたえる。
㋑
日光
肥料
水と肥料をあたえる。
㋒
おおい
肥料
水と肥料をあたえる。

(1) 次の①～③の文は、2週間後のなえの、それぞれの育ちのようすについてかいたものです。㋐～㋒のどれについてかいたものか、記号で答えましょう。

①（　　）葉は緑色をしているが、数は少ない。草たけは低いので、全体的に小さく見える。

②（　　）葉は黄色っぽくて小さく、数も少ない。くきは細く、ひょろひょろしていて、全体的に弱々しい。

③（　　）葉は緑色で大きく、数も多い。くきは太く、しっかりしていて、全体的にじょうぶそうである。

(2) この実験の結果をまとめました。次の（　）の中にあてはまる言葉をかきましょう。

植物は日光をよく当て、（　　　　　）をあたえるとよく成長する。

2 植物の発芽《はつが》や成長の条件《じょうけん》を調べるとき、調べる条件だけを変えて、それ以外の条件を同じにしなければいけないのはなぜですか。次の｛　｝の中から正しい言葉を選び、○で囲みましょう。

20点

2つ以上の条件を ｛同時・順番・こうご｝ に変えると、どの条件が必要かわからなくなるから。

11 メダカのおすとめす

月　日　時間10分　答え61ページ

名前　/100点

1 メダカのおすとめすについて、次の問いに答えましょう。 ヒント　80点(1つ20点)

(1) 下の図の □ にあてはまる言葉を、下の □ から選んで記号をかきましょう。

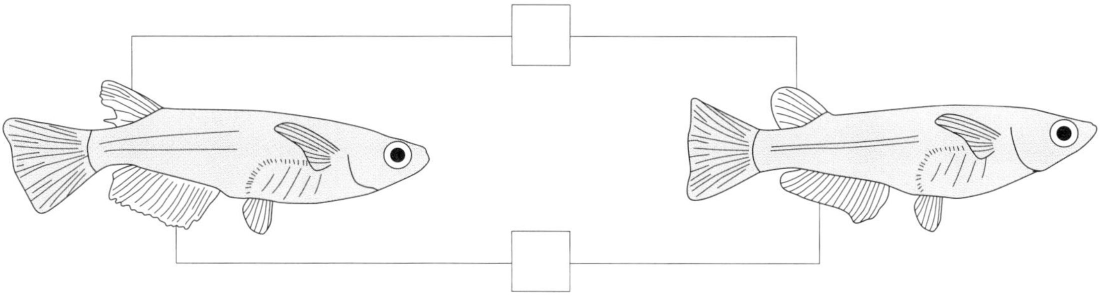

㋐はらびれ　㋑おびれ ㋒せびれ　㋓しりびれ

(2) メダカのおすとめすの見分け方についてかいた次の文を読み、下の図のメダカのおすとめすを記号で答えましょう。

・めすは、せびれに切れこみがない。しりびれの後ろが短い。

・おすは、せびれに切れこみがある。しりびれの後ろが長い(しりびれが平行四辺形)。

㋐

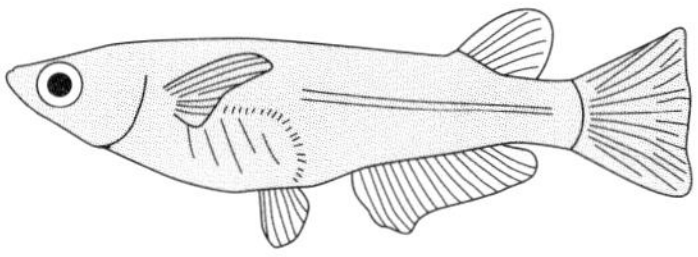

おす(　　)

めす(　　)

㋑

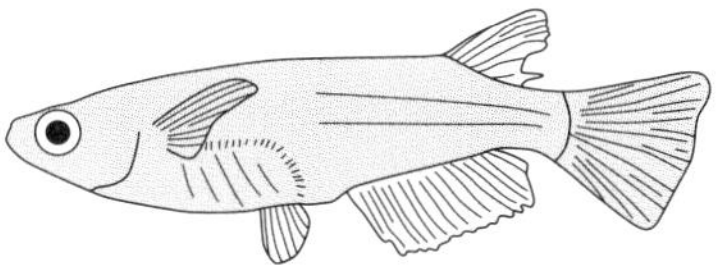

20点(なぞりは点数なし)

だいじなまとめ

メダカのおすとめすは、(せびれ)やしりびれの形で見分けることが { できる・できない }。

ヒント **1** メダカのおすとめすは、せびれやしりびれの形で見分けることができます。

きほんのドリル

12 3 メダカのたんじょう
メダカの飼《か》い方

月　日　時間10分　答え61ページ

名前

/100点

1 下の図を見て、(　)にあてはまる言葉を、下の□から選んでかきましょう。 ヒント

60点(1つ20点)

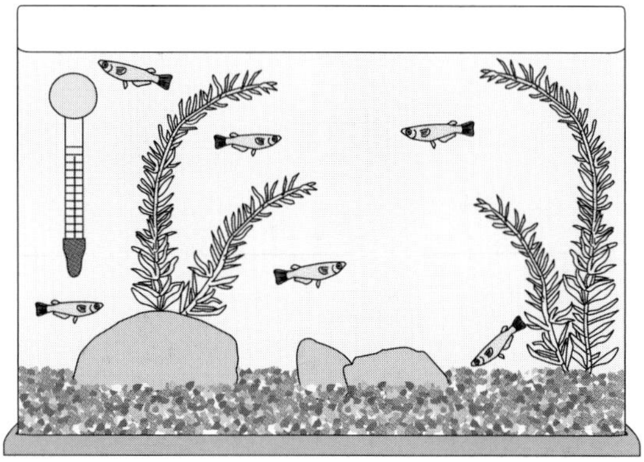

・水そうは、(　　　)が直接《ちょくせつ》当たらない明るいところに置く。

・(　　　)は、よごれたら、$\frac{1}{2}$～$\frac{1}{3}$をくみ置きの水と入れかえる。

・えさは、食べ残さないぐらいの量を、毎日1～2回あたえる。

・(　　　　)を産むようにするためには、おすとめすを同じ水そうで飼う。

たまご　　日光　　水

2 メダカの飼い方について、次の問いに答えましょう。また、□にあてはまる言葉を答えましょう。

30点(1つ10点)

(1) 水そうは、日光が直接当たらない、どのようなところに置くとよいですか。「明るいところ」、「暗いところ」から選びましょう。

(2) えさは、食べ残□□□量を、毎日1～2回あたえるとよい。

(3) たまごを産むようにするためには、おすとめすを同じ水そうで飼う必要がありますか。

(1) ____________

(2) ____________

(3) ____________

10点

だいじなまとめ 水そうは、日光が直接 { 当たる・当たらない } 明るいところに置く。

ヒント **1** めすとおすをいっしょに飼うと、たまごが産まれることがあります。

きほんのドリル

13

3 メダカのたんじょう

メダカの受精《じゅせい》

月　日　時間10分　答え62ページ

名前　　/100点

1 メダカの産卵《さんらん》のようすの図を見て、（　）にあてはまる言葉を、下の□から選んでかきましょう。ヒント　60点（１つ15点）

①

②

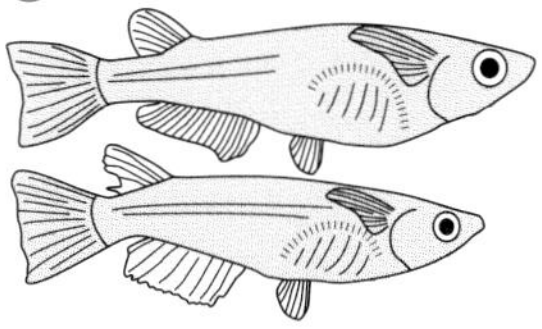

③

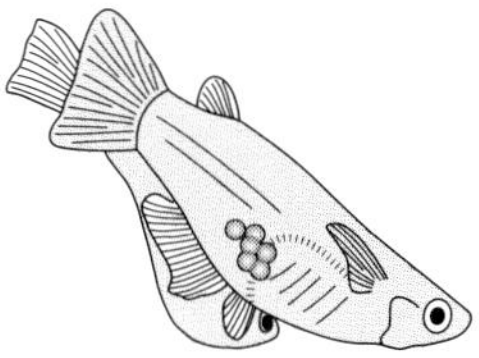

④

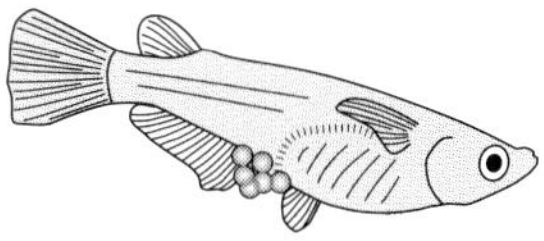

①おすが、めすの前で輪をえがくように泳いだり、めすを追いかけたりする。

②めすとおすが、（　　　　　）泳ぐようになる。

③めすとおすが体をすり合わせ、めすはたまごを産み、おすは（　　　）を出す。

④産卵のすぐ後、めすのはらにたまごがつく。

・たまごと精子《せいし》が結びつくことを（　　　）といい、受精したたまごを（　　　　）という。

ならんで	ばらばらに	精子	受精	受精卵《じゅせいらん》

2 次の問いに答えましょう。また、□にあてはまる言葉を答えましょう。　20点（１つ10点）

(1)　めすが産んだたまごが、おすが出す□□と結びついて、たまごは育ち始める。

(2)　たまごと精子が結びつくことを何といいますか。

(1)

(2)

20点（１つ10点、なぞりは点数なし）

だいじなまとめ　めすが産んだたまごが、おすが出す（ 精子 ）と結びつくことを（　　　）といい、受精したたまごを（　　　）という。

ヒント　**1** めすとおすが体をすり合わせて、めすはたまごを産み、おすは精子を出します。

メダカのたまごの育ち

月　日　時間10分　答え62ページ

名前

/100点

1 下の図を見て、メダカの育っていくようすについて、□にあてはまる言葉を、下の□から選んでかきましょう。

40点（1つ10点）

① 受精《じゅせい》して数時間後　② 2日め　③ 10～11日め　④ 13～14日め

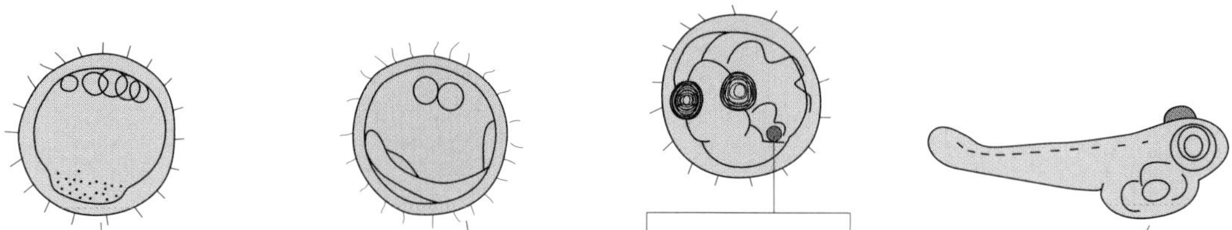

① □部分ができている。

② 体の□がわかるようになる。

③ □ときどき動くようになる。

④ はらに□の入ったふくろがある。

ふくらんだ	動き	形
心ぞう	ほね	養分

2 メダカのたんじょうについて、（　）にあてはまる言葉を、下の□から選んで記号をかきましょう。

40点（1つ10点）

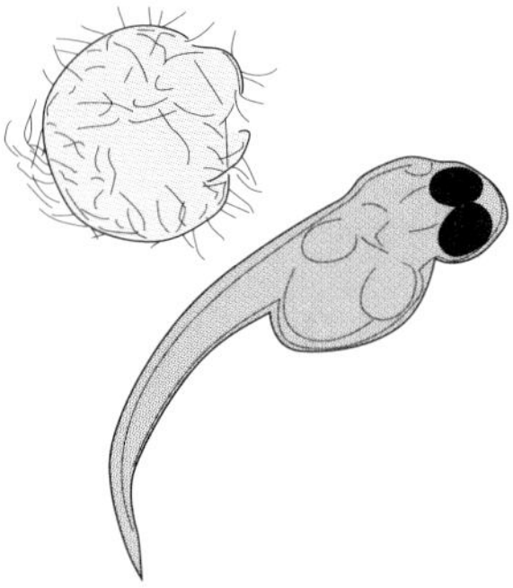

メダカのたまごは、受精してから、体の形がわかるようになる、（　）が目立つようになる、（　）が流れているのが見えるようになるなど、ようすがだんだんと（　）して、メダカらしくなり、受精して約2週間で子メダカが（　）する。

㋐たんじょう	㋑血液《けつえき》
㋒目	㋓変化

20点

だいじなまとめ　メダカは、たまごの中でようすが ｛ 変化せず・変化して ｝、受精して約2週間で子メダカがたんじょうする。

ヒント **1** ③心ぞうが動いているのが見えます。

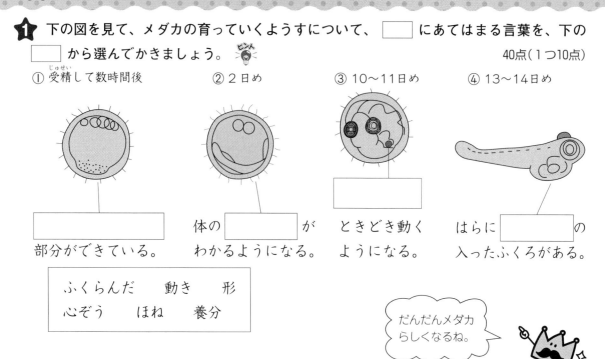

15 まとめのテスト

1 下の図は、メダカのおすとめすです。次の問いに答えましょう。　80点（1つ10点）

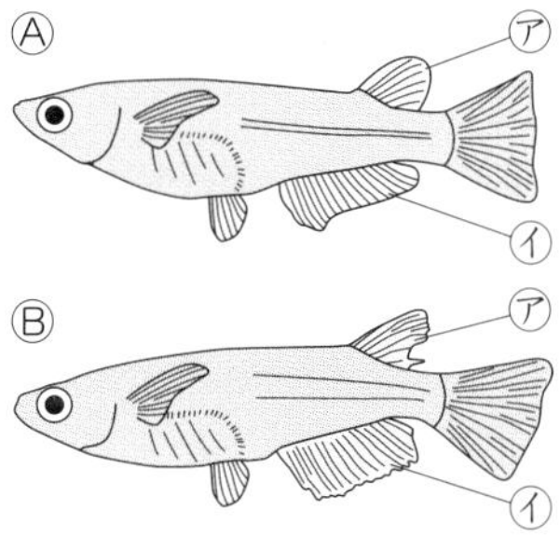

(1) たまごを産むメダカは、Ⓐ とⒷのどちらですか。記号で答えましょう。　（　　）

(2) 精子《せいし》を出すメダカは、Ⓐ とⒷのどちらですか。記号で答えましょう。　（　　）

(3) ㋐、㋑のひれの名前をかきましょう。

㋐（　　　　　　）

㋑（　　　　　　）

(4) 次の文の（　）にあてはまる言葉をかきましょう。

（　　　　）が産んだたまごと、（　　　　）が出す精子が結びつくことを、（　　　　）といい、この結びつきでできたたまごを（　　　　）という。

2 次の文を読み、下の図の（　）にあてはまるものを、下の㋐〜㋓から選んで記号をかきましょう。　全部できて20点

メダカの受精卵《じゅせいらん》が育って、やがて子メダカがたんじょうする。この子メダカが大きくなって親になり、たまごを産むことで、生命が受けつがれていく。

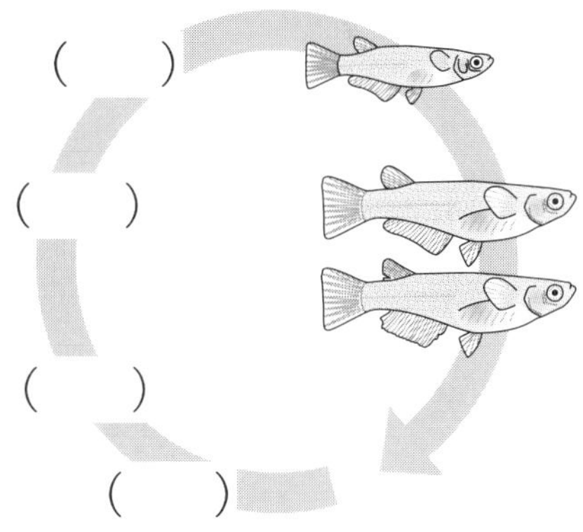

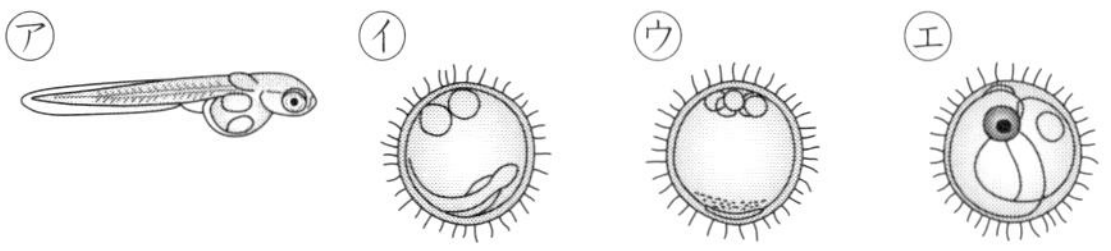

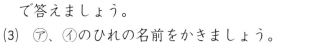

4 花から実へ
花のつくり

月　日　時間10分　答え62ページ

名前

/100点

1 ヘチマの花のつくりについて、下の図の □ にあてはまる言葉を、下の □ から選んでかきましょう。
40点（１つ10点）

・めばな

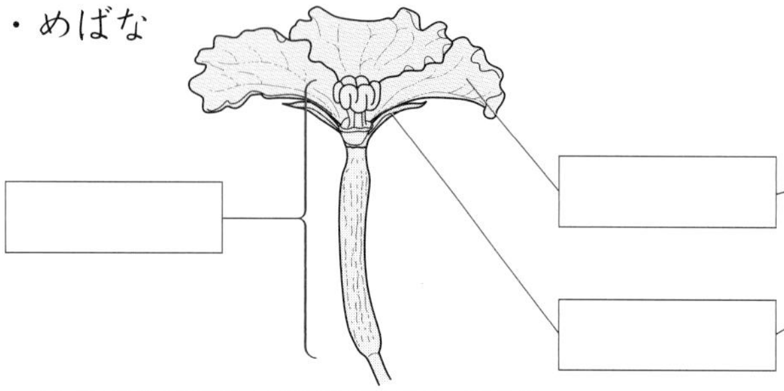

・おばな

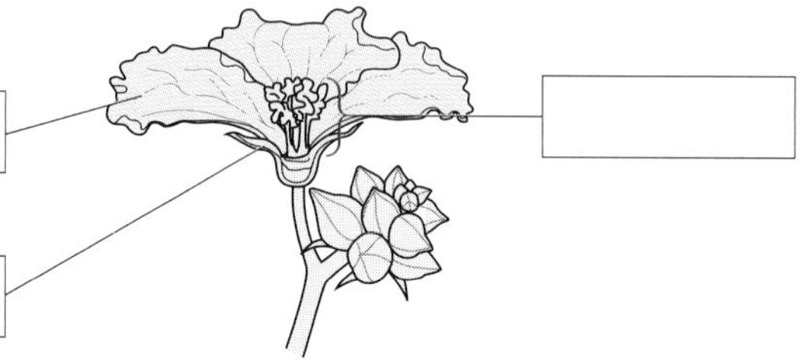

めしべ	くき	がく
花びら	根	おしべ

2 下の２つの図の □ にあてはまる言葉を、「おしべ」、「めしべ」から選んでかきましょう。同じ言葉を２回使ってもよいです。ヒント
40点（１つ10点）

・アサガオ

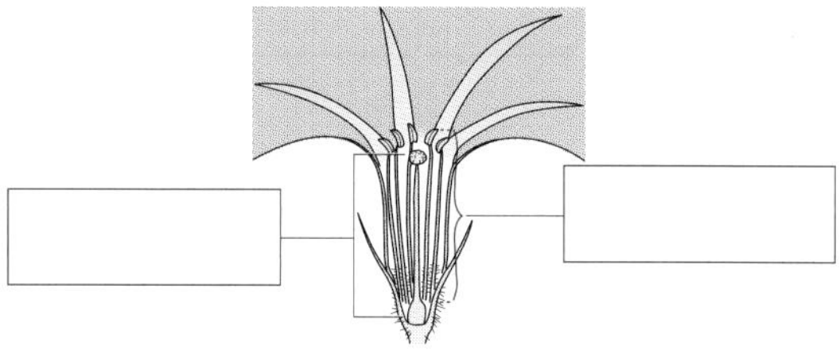

・アブラナ

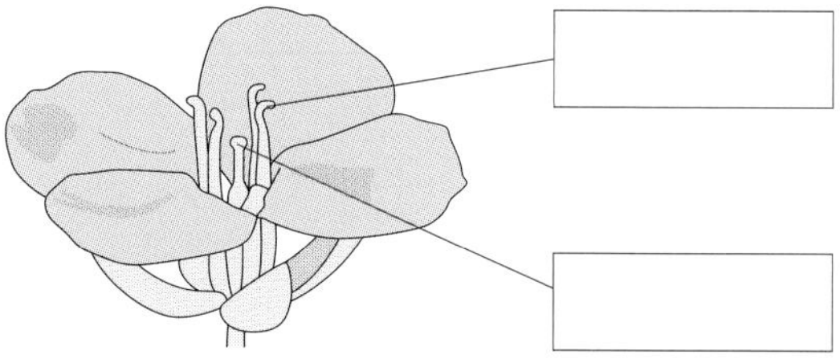

3 次の植物の中で、めばなとおばながさく植物はどれですか。正しいもの２つに○をつけましょう。
全部できて10点

①（　）アサガオ　②（　）ヘチマ

③（　）オモチャカボチャ　④（　）アブラナ

10点（なぞりは点数なし）

だいじなまとめ　ヘチマは、めばなと（ おばな ）がある。めばなにはめしべが、おばなには（　　　　）がある。

ヒント **2** アサガオやアブラナのおしべとめしべは１つの花にあります。

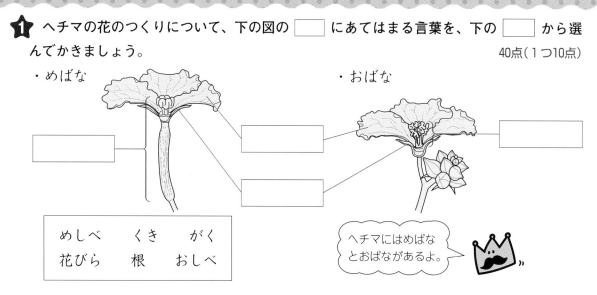

花粉《かふん》

1 ヘチマのめしべとおしべの先を虫眼鏡《めがね》で観察しました。次の（　）にあてはまる言葉を、下の［　］から選んでかきましょう。ヒント　30点（1つ10点）

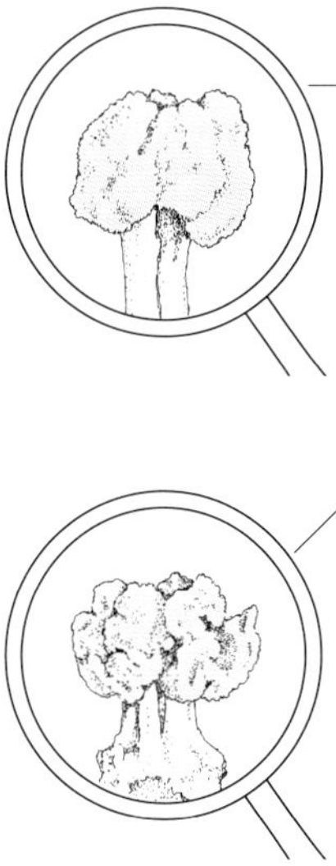

・めしべの先は、手ざわりが（　　　　）していた。

・さいている花のめしべには黄色い（　　　　）がついていたが、つぼみの中のめしべにはついていなかった。

・おしべの先は、黄色い花粉がたくさんついていて、手ざわりが（　　　　）していた。

べとべと　　さらさら　　花粉

2 けんび鏡について、［　］にあてはまる言葉を下の［　］から選んでかきましょう。実験

60点（1つ10点）

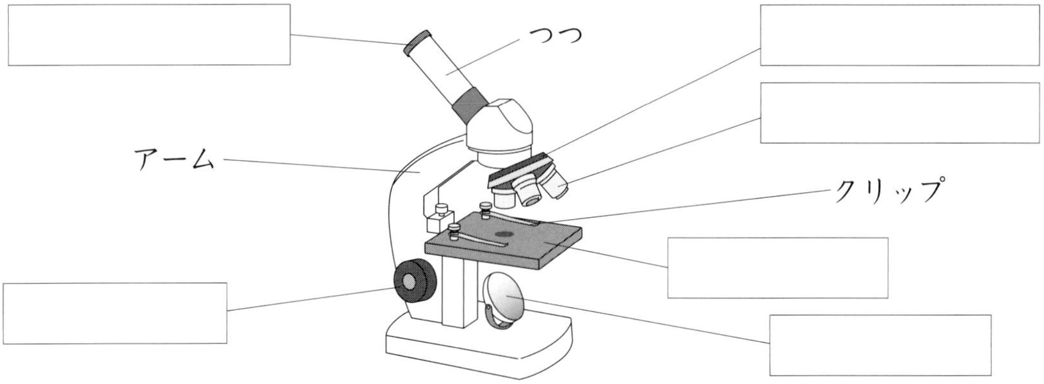

反しゃ鏡　調節ねじ　ステージ　接眼《せつがん》レンズ　対物レンズ　レボルバー

10点

だいじなまとめ　おしべの先についている粉を（　　　）という。

ヒント **1** 手ざわりは、めしべはべとべとしていて、おしべはさらさらしています。

きほんのドリル

18 4 花から実へ
受粉《じゅふん》

月　日　時間10分　答え63ページ

名前

/100点

1 下の図のように、実ができるためには受粉が必要かを、ヘチマを使って調べました。次の問いに答えましょう。実験

40点（1つ10点）

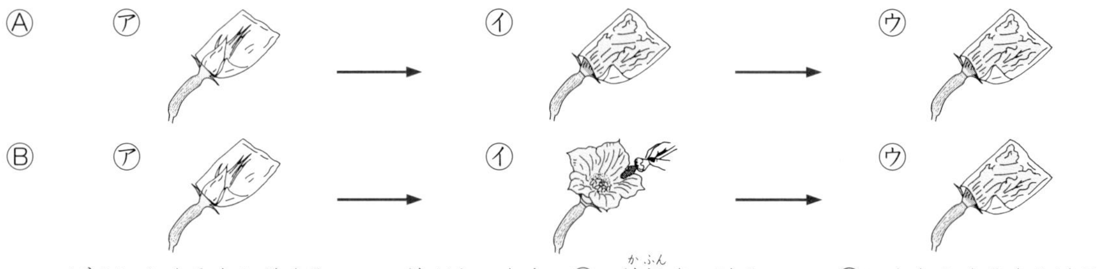

つぼみにふくろをかぶせる。　花がさいたら、Ⓑに花粉《かふん》をつける。　Ⓑにまたふくろをかける。

(1) ㋐のところでふくろをかぶせたのは、おばなですか。めばなですか。

（　　　　）

(2) Ⓑの㋑のように花粉がつくことを何といいますか。ヒント　（　　　　）

(3) このあと、ⒶとⒷのそれぞれの花に実はできますか。

Ⓐ（　　　　）

Ⓑ（　　　　）

2 受粉について、（　）にあてはまる言葉を下の□から選んでかきましょう。

20点（1つ10点）

受粉すると、めしべのふくらんだ部分が育って（　　　　）になり、その中に（　　　　）ができる。

実　花　種子　ふくろ

3 次の□にあてはまる言葉を答えましょう。

20点（1つ10点）

(1) 花粉がめしべの先につくことを□□という。　(1) ＿＿＿＿

(2) めばながさいても、受粉しないと、□ができない。　(2) ＿＿＿＿

20点（1つ10点、なぞりは点数なし）

だいじなまとめ

植物は、受粉するとめしべのもとの｛ふくらんだ・しぼんだ｝部分が育って（　　）になり、その中に（種子）ができる。

ヒント **1** (2)花粉がめしべの先につくことを、受粉といいます。

19 まとめのテスト1

月　日	時間15分	答え63ページ
名前		/100点

1 花のつくりについて、次の問いに答えましょう。

40点（1つ10点）

(1) 右の図の①、②は、オモチャカボチャの花です。めばな、おばなはどちらですか。

①（　　　　　）　②（　　　　　）

(2) 図の㋐、㋑が、めしべかおしべかを答えましょう。

㋐（　　　　　）　㋑（　　　　　）

①
②
㋐
㋑

2 下の図は、ヘチマのめしべとおしべの先のようすです。次の問いに答えましょう。

50点（1つ10点）

(1) 図の①、②が、めしべかおしべかを答えましょう。

①（　　　　　）　②（　　　　　）

(2) 花がさき終わった後、実ができるのは、①、②のどちらですか。　（　）

(3) 次の文の（　）にあてはまる言葉を、下の□から選んでかきましょう。

②の先には、粉のようなものがついており、これを（　　　　）という。①の先はべとべとしており、こん虫が運んできた②の粉がつく。これを（　　　　）という。

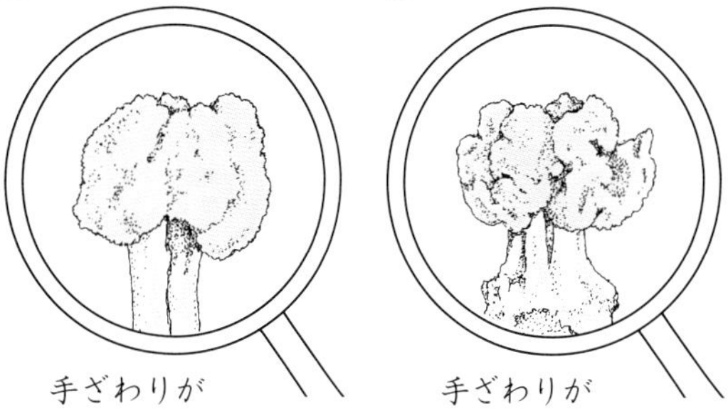

①
②
手ざわりが
べとべとしている。
手ざわりが
さらさらしている。

受粉《じゅふん》　受精《じゅせい》　花粉《かふん》

3 けんび鏡の使い方について、次の文の（　）にあてはまる言葉をかきましょう。

10点（1つ5点）

見るものを高い倍率で観察したいとき、まずいちばん（　　　　）倍率で、見るものが真ん中になるようにしておく。次に、レボルバーを回して（　　　　）倍率の対物レンズにかえる。はっきり見えなければ、調節ねじを少しずつ回して、ピントを合わせる。

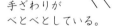

20 まとめのテスト2

月　　日　時間15分　答え63ページ

名前

/100点

1 明日《あす》さきそうなヘチマのめばなのつぼみⒶ、Ⓑを選び、夕方にふくろをかぶせました。Ⓐはそのままで、Ⓑは次の朝、おしべをめしべに当てて受粉《じゅふん》させ、またふくろをかぶせました。実ができるために受粉が必要か調べた、この実験について、次の問いに答えましょう。 実験

60点（1つ15点）

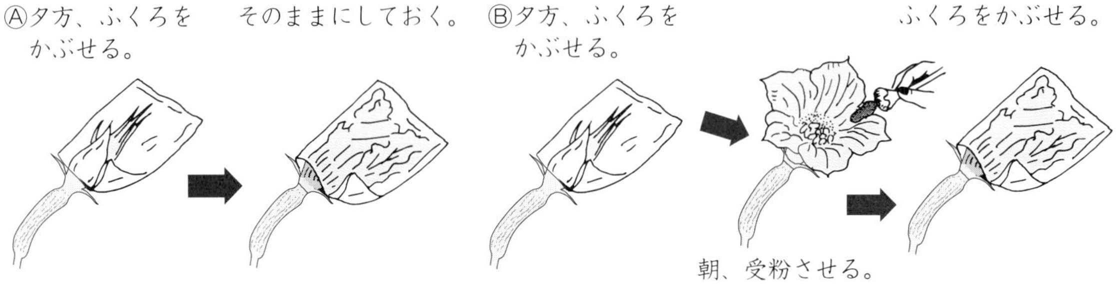
Ⓐ夕方、ふくろをかぶせる。
そのままにしておく。
Ⓑ夕方、ふくろをかぶせる。
ふくろをかぶせる。
朝、受粉させる。

(1) ふくろをかぶせるのはなぜですか。次の①～④から選びましょう。　（　　）

① 花が雨にぬれないようにするため。

② こん虫が花粉《かふん》を運んでこないようにするため。

③ 風で花が散らないようにするため。

④ 花の周りの温度を高くするため。

(2) この実験で、実ができたのはⒶ、Ⓑのどちらですか。　（　　）

(3) この実験の結果を示《しめ》す文として、正しいものには○、まちがっているものには×をかきましょう。

①（　　）花がさいて受粉すると、実ができ、種子ができる。

②（　　）花がさいて受粉しなくても、実ができ、種子ができる。

2 けんび鏡の使い方について、正しいものには○、まちがっているものには×をかきましょう。

40点（1つ10点）

①（　　）目をいためるので日光が直接《ちょくせつ》当たるところでは、使わない。

②（　　）接眼《せつがん》レンズをのぞきながら対物レンズと観察するものを近づける。

③（　　）対物レンズは低い倍率《ばいりつ》のものから使う。

④（　　）けんび鏡の倍率は、「接眼レンズの倍率×対物レンズの倍率」である。

台風

月　日　時間10分　答え64ページ

名前

/100点

1 下の図は、上空から見た日本付近の雲のようすです。台風のときの雲を表す図はどれですか。正しい図の(　)に○をつけましょう。ヒント　20点

①(　　)

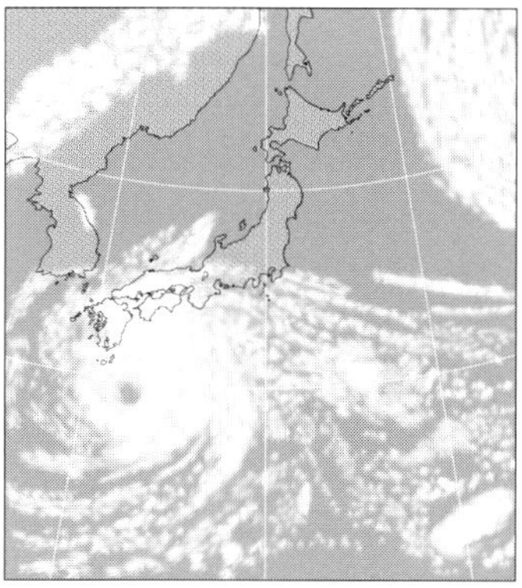

②(　　)

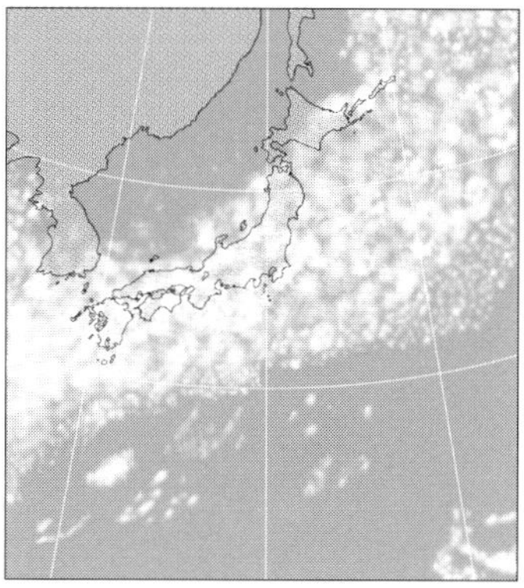

③(　　)

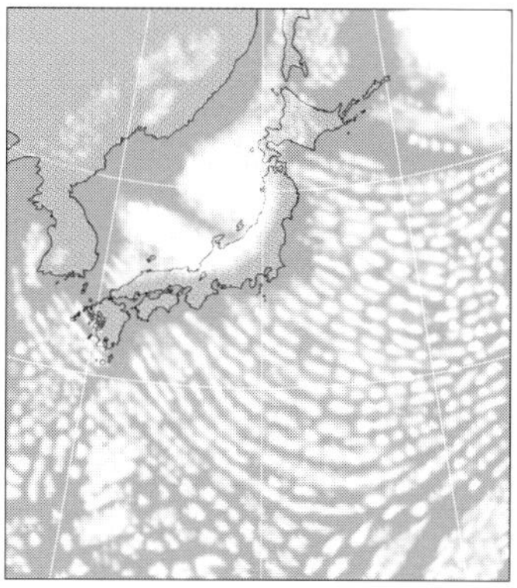

2 下の図は、台風のようすを表したものです。(　)にあてはまる言葉を下の[　　]から選んでかきましょう。　30点(1つ10点)

(1) ㋐は、台風の(　　　　　)である。

(2) ㋑は、風速15m(秒速)以上のはんいで、(　　　　　　　)を表す。

(3) ㋒は、台風の中心が動いてくると考えられるはんいで(　　　　　)という。

台風の大きさ	中心	予報《よほう》円

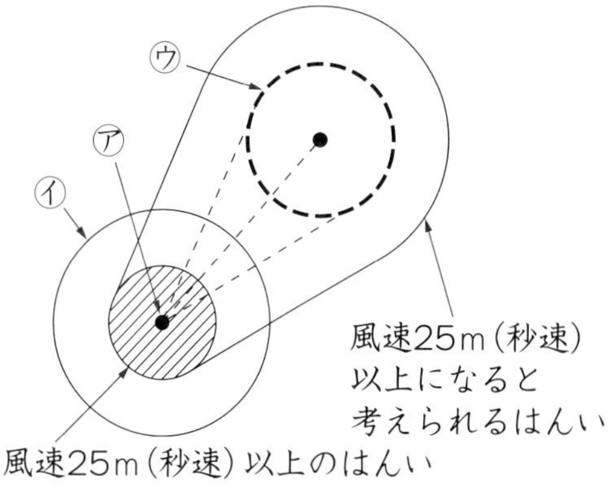

3 次の(　)にあてはまる言葉を答えましょう。　30点(1つ15点)

台風が近づくと、強い(　　　　)がふいたり、短い時間に大(　　　　)がふったりして、災害《さいがい》が起こることがある。

20点(なぞりは点数なし)

だいじなまとめ

(台風)が近づくと、強い風がふいたり短い時間に大雨がふったりして、{ 災害・地震 } が起こることがある。

ヒント **1** 雲がうずをまくように発生しているところに着目しましょう。

台風の動きと天気の変化

月　日　時間10分　答え64ページ

名前

/100点

1 次の□にあてはまる言葉を下の［　］から選んで答えましょう。　60点(1つ20点)

(1) 台風が近づいたところでは、①□□風がふいたり、短時間に②□□がふったりする。

(2) 台風は、日本のはるか□で発生し、北へ向かって進むことが多い。

(1)①

②

(2)

大雨　　強い　　南　　西

2 下の図は、台風の予想進路図を示《しめ》したものです。次の問いに答えましょう。（ヒント）

30点(1つ15点)

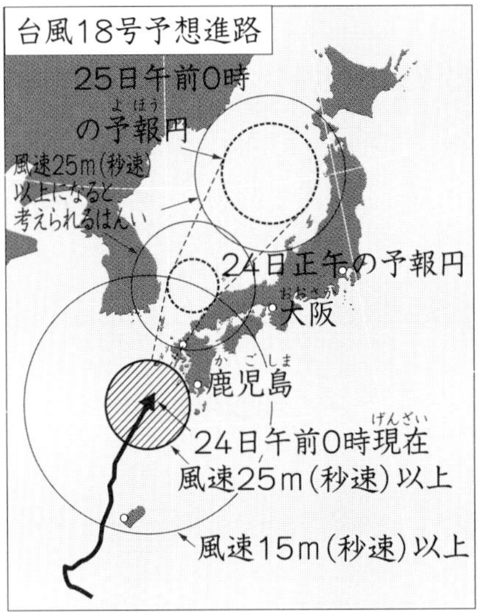
台風18号予想進路
25日午前0時の予報《よほう》円
風速25m(秒速)以上になると考えられるはんい
24日正午の予報円
大阪《おおさか》
鹿児島《かごしま》
24日午前0時現在《げんざい》
風速25m(秒速)以上
風速15m(秒速)以上

(1) 次の時こくの鹿児島の天気を予想して、(　)にあてはまる言葉を下の［　］から選んでかきましょう。

24日午前0時……(　　　)

晴れ　　雨　　雪

(2) 左の図から、次の①～③のうち大阪付近で最も風が強くなる時こくを予想して、(　)に○をつけましょう。

① (　　)24日午前0時

② (　　)24日正午

③ (　　)25日午前0時

10点(なぞりは点数なし)

だいじなまとめ

(台風)は、日本のはるか(　　　)の海上で発生し、北へ向かって進むことが多い。

ヒント **2** 台風の接近《せっきん》にともなって、風や雨が強くなります。

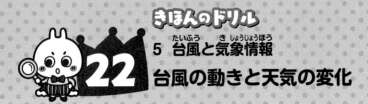

台風のひ害

月 日	時間10分	答え64ページ
名前		/100点

1 下の写真は、台風による災害《さいがい》のようすです。（　）にあてはまる言葉を、「強い風」、「大雨」から選んでかきましょう。同じ言葉を２回使います。 ヒント　30点（１つ10点）

・（　　　　　）で
水につかった町

・（　　　　　）で
たおれたリンゴの木

・（　　　　　）で
くずれた道路

2 下の写真を見て、台風と災害について、（　）にあてはまる言葉を下の□から選んでかきましょう。　30点（１つ15点）

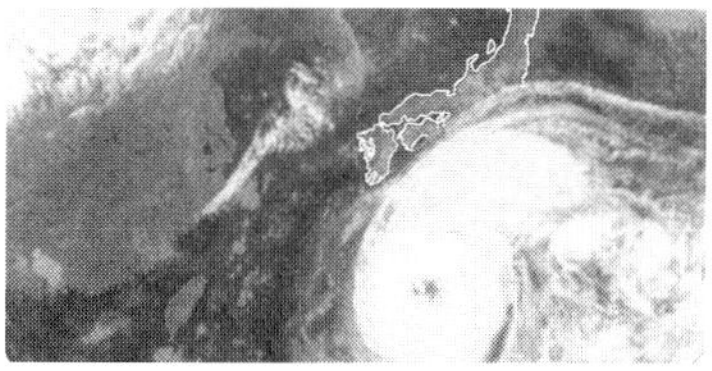

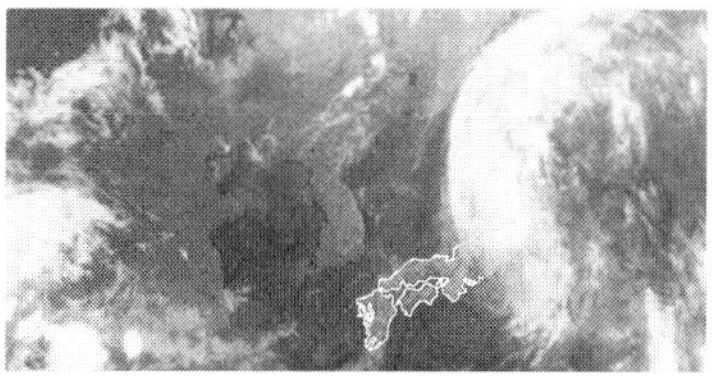

(1)　台風は、日本のはるか（　　　）の海上で発生し、北のほうへ動いてくることが多い。

(2)　台風が近づくと、強い風や（　　　　）による災害が起こることがある。

西	南	大雨	日照《ひで》り

3 □にあてはまる言葉を答えましょう。　20点（１つ10点）

(1)　天気は、台風の動きにつれて□□□□いく。

(2)　台風による災害は、強い□がふいたり、短い時間に大雨がふったりして起こることが多い。

(1) ＿＿＿＿＿＿
(2) ＿＿＿＿＿＿

20点（１つ10点、なぞりは点数なし）

だいじなまとめ
台風が近づくと、｛強い風・日照り｝や｛大雪・大雨｝により（災害）が起こることがある。

ヒント **1** 台風による災害は、強い風や大雨などで起こります。

24 まとめのテスト１

月　日　時間15分　答え64ページ

名前

/100点

1 下の台風《たいふう》レポートは、ある大阪の小学生がまとめたものです。このレポートについて、次の問いに答えましょう。　50点（１つ10点）

台風レポート

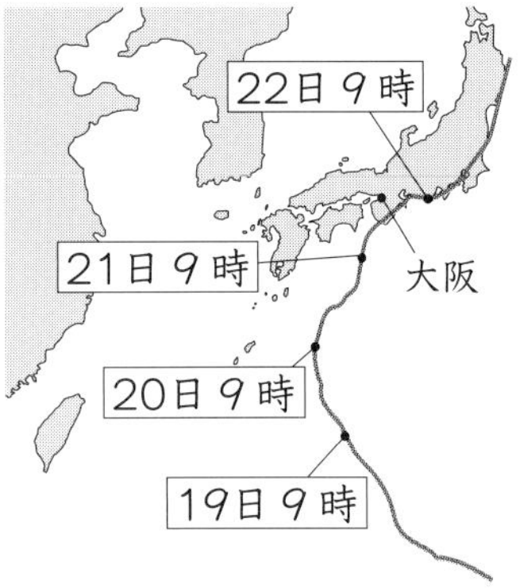

22日９時
21日９時
20日９時
19日９時
大阪

・19日　くもり…大型で強い台風が、南のほうから日本に近づいてきた。じゅうぶんな注意が必要だ。

・20日　くもり…台風はゆっくりと北上している。明《あ》日《す》からあさってにかけて、関西に上陸しそうだ。

・21日　雨…進路が東にずれたので、大阪を直げきすることはなさそうだ。風は強くないが、大雨がふり続いている。

・22日　くもり…台風は関東に向かって進んでいる。大雨によるひ害が、各地で起こっている。

(1) 下の写真は、19日から22日の雲のようすです。図が日付の順になるように㋐～㋓の記号をならべましょう。

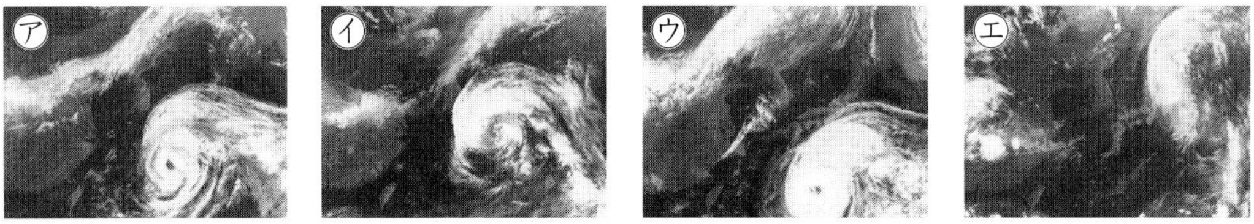

ア
イ
ウ
エ

（　　）→（　　）→（　　）→（　　）

(2) 台風の中心が最も大阪に近づいたのは、何日ですか。なお台風は、19～22日まで、ほぼ同じ速さで進みました。（　　　）

2 台風について、次の問いに答えましょう。　50点（１つ10点）

(1) 台風が近づくと、風の強さはどうなりますか。（　　　　）

(2) 台風が日本に近づく季節はいつごろからいつごろですか。（　　から　　）

(3) 台風の動きや天気の変化などの気象情報《きしょうじょうほう》を集めるときに利用するものとして、新聞やラジオのほかに何がありますか。２つかきましょう。

（　　　　　　）（　　　　　　）

月　日	時間15分	答え65ページ
名前		/100点

25 まとめのテスト2

1 下の図は、台風の大きさや進路を示《しめ》したものです。[　　]にあてはまる言葉を下の[　　]から選んでかきましょう。

40点（１つ20点）

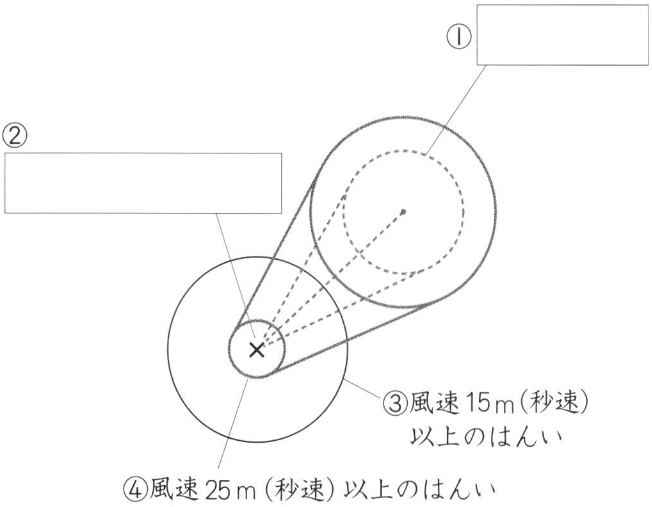

①
②
③風速15m（秒速）以上のはんい
④風速25m（秒速）以上のはんい

台風の中心　予報円《よほう》
震源《しんげん》　雲画像《くもがぞう》

2 台風について、次の文の（　）にあてはまる言葉を下の[　　]から選んでかきましょう。

60点（１つ10点）

台風は、日本のはるか（　　　　）の海上で発生し、そのうちのいくつかが北のほうへ動いてくる。

台風による（　　　　）や（　　　　）などによって、日本でも（　　　　）が起こることがある。台風の大きなひ害を受けないために、（　　　　）をコンピュータやテレビ、（　　　　）などで集めることが大切である。

西　南　強い風　災害《さいがい》　大雨　新聞　気象情報《きしょうじょうほう》　地震情報《じしん》

6 流れる水のはたらき

流れる川のはたらき

月　日　時間10分　答え65ページ

名前

/100点

1 下の図は、川が曲がって流れているところのようすです。(　)にあてはまる記号をかきましょう。　50点(1つ10点)

(1) 水の流れの速いところは、㋑と(　　)です。

(2) 水の流れのおそいところは、㋐と(　　)です。

(3) 土をけずるはたらきが大きいところは、㋑と(　　)です。

(4) 土を積もらせるはたらきが大きいところは、㋐と(　　)です。

(5) 川の底が深くなっているのは、(　　)と㋒です。

㋐
㋒
㋑
㋓

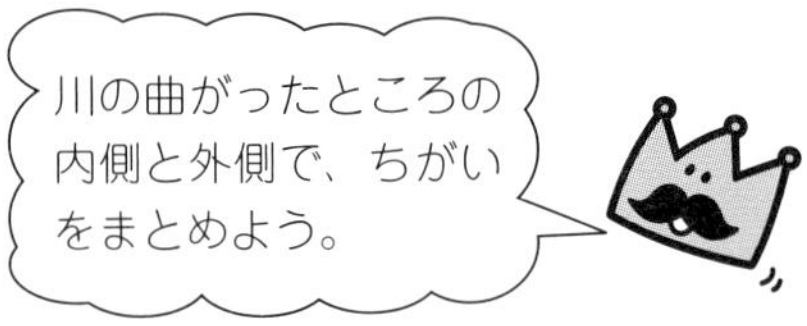
川の曲がったところの内側と外側で、ちがいをまとめよう。

2 次の問いに下の□から言葉を選んで答えましょう。　40点(1つ10点)

(1) 水の流れの速いところとおそいところでは、地面がけずられて土が運ばれていく量が多いのはどちらですか。

(2) 流れる水が地面をけずるはたらきを何といいますか。

(3) 土や石を運ぶはたらきを何といいますか。

(4) 流されてきた土や石を積もらせるはたらきを何といいますか。

(1)
(2)
(3)
(4)

たい積	運ぱん	速いところ	おそいところ	しん食

10点(なぞりは点数なし)

だいじなまとめ

流れる水が地面を(　　　　　)はたらきをしん食といい、土や石などを(運ぶ)はたらきを運ぱんという。また、流されてきた土や石を積もらせるはたらきをたい積という。

ヒント **1** 水の流れが速いほど、水が土をけずるはたらきが大きくなります。

27 6 流れる水のはたらき
上流と下流の石のちがい

月　日　時間10分　答え65ページ

名前

/100点

1 下の図は、川のようすを表したものです。□にあてはまる場所を、「山の中」、「平地」、「海の近く」から選んでかきましょう。 ヒント　30点（1つ10点）

①

②

③

2 下の①～③の地形が見られるのは、右の図の㋐～㋒のどこですか。（　）に記号をかきましょう。　30点（1つ10点）

①（　）
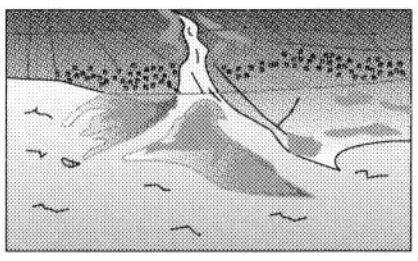

②（　）

③（　）

3 次の□にあてはまる言葉を、□から選んでかきましょう。 ヒント　20点（1つ5点）

(1) 山の中の川では、角ばった□□□石がある。　(1)

(2) 平地で見られるのは、□□のある石である。　(2)

(3) 海の近くでは、流れがおそく、□□や小石が積もる。　(3)

(4) 土や石が積もるのは、流れが□□□ところである。　(4)

すな　丸み　大きな　小さな　速い　おそい

20点（なぞりは点数なし）

だいじなまとめ
山の中、平地、海の近くでは、川のはば、水の流れの速さ、川原《かわら》の石の形や（ 大きさ ）などが ｛ 変わらない・変わる ｝。

ヒント
1 山の中は、川の流れが速く、土地をけずっていきます。
3 石は、山の中から平地、海の近くへ流される間に、大きさや形が変わっていきます。

きほんのドリル

28 6 流れる水のはたらき
川の水の量が増《ふ》えると

月	日	時間10分	答え65ページ
名前			/100点

1 下の写真は、大雨の前後の川のようすを㋐、㋑、㋒の順にならべたものです。(　　)にあてはまる言葉を下の□から選んでかきましょう。 ヒント　40点(1つ20点)

(1)　㋐の写真は、大雨の前のものです。川は左へやや曲がって流れています。川原《かわら》の中央に石がたくさん集まっています。

(2)　㋑の写真は、大雨で水の量が(　　　　　)ときのものです。ふだんの川のおよそ30倍もの水の量になっていて、川の石はほとんど見えません。

(3)　㋒の写真は、大雨の後のものです。川は石をおし流して、流れのようすが変わっています。

(4)　大雨がふると、川の水の量が多くなり、流れが(　　　　　)なります。

増えた	減《へ》った	速く	おそく

2 次の□にあてはまる言葉を下の□から選んでかきましょう。同じ言葉を２回使ってもよいです。　40点(1つ10点)

(1)　長い間雨がふり続くと、川の水の量は□□□。

(2)　短い時間に大雨がふると、川の水の量は□□□。

(3)　川の水の量が増えると、しん食・運ぱん・たい積のはたらきが□□□なる。

(4)　流れる水のはたらきが大きくなると、□□がけずられたり、土地のようすが大きく変化したりする。

(1)
(2)
(3)
(4)

増える	大きく	小さく	川岸

20点(なぞりは点数なし)

だいじなまとめ　梅雨《つゆ》や台風《たいふう》などで、長い間雨がふり続いたり、短い時間に(　大雨　)がふったりすると、川の水の量が増え、流れが｛速く・おそく｝なる。

ヒント **1** 川の水の量が増えると、流れが速くなります。

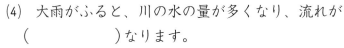

川と災害《さいがい》

月　日　時間10分　答え66ページ

名前

/100点

1 下の写真は、川の水の災害を防《ふせ》ぐためのくふうです。□にあてはまる言葉を「遊水地」、「護岸《ごがん》」から選んでかきましょう。　30点(1つ15点)

①

[　　　　]

②

[　　　　]

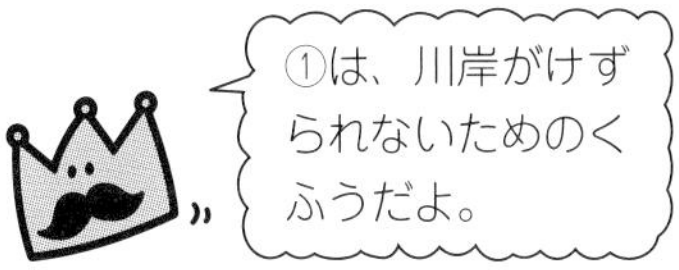

2 下の写真について、(　)にあてはまる言葉をかきましょう。　20点(1つ10点)

川の水が増えたとき、人が住む場所へ(　　　　)があふれないように一時的に遊水地で(　　　　)をたくわえる。

3 次の□にあてはまる言葉を、[　　] から選んでかきましょう。　30点(1つ10点)

(1)　□□は、川岸がけずられるのを防ぐ。

(2)　□□ダムは、石やすなをためて、水の流れの勢《いきお》いを弱くする。

(3)　□□□は、川の水が増えたとき、人が住む場所へ水があふれないように、一時的に水をたくわえている。

砂防《さぼう》	遊水地	護岸

(1)
(2)
(3)

20点(なぞりは点数なし)

だいじなまとめ

大雨がふると、川の水が(　　　　　)流れが速くなる。流れが速くなると、水のはたらきが大きくなり、川岸が大きくけずられたり、川の水があふれたりして、(災害)を起こすことがある。

30 まとめのテスト

月　日　時間15分　答え66ページ

名前

/100点

1 山の中、平地、海の近くの川のようすについて、下のような表にまとめました。表の中の(　)にあてはまる言葉を下の□から選んでかきましょう。　70点(1つ10点)

流れる場所	流れの速さ	石やすなのようす	流れる水のはたらき
山の中	①流れが(　　　)。	③大きく(　　　)石がある。	⑥土地を(　　　)はたらきが大きい。
平　地		④川原《かわら》になって、(　　　)石やすなが積もっている。	
海の近く	②流れが(　　　)。	⑤運ばれた(　　　)や小石が積もっている。	⑦運ばれた土などを(　　　)はたらきが大きい。

速い　おそい　すな　角ばった　丸みのある　けずる　積もらせる

2 川のはたらきによってできた地形について、次の問いに答えましょう。　30点(1つ10点)

(1) 左の写真を見て、次の文の(　)にあてはまる言葉を下の□から選んでかきましょう。

㋐ 山の中では、川の流れが速く、土地をけずって深い(　　　)をつくっている。

㋑ 海の近くでは、川によって運ばれた土や石が積もって広い(　　　)ができている。

谷　山　平野

(2) 流れる水が土や石を積もらせるはたらきを何といいますか。(　　　)

水《すい》よう液《えき》

月　日　時間10分　答え66ページ
名前
/100点

1 食塩をティーバッグに入れて、水の中につけ、とけるようすを調べました。次の問いの正しいほうの(　)に○をつけましょう。 ヒント 実験　30点(1つ10点)

(1) 食塩が水にとけたとき、食塩のつぶは見えますか。
(　　)見える。　(　　)見えない。

(2) とかした液は、どうなっていますか。
(　　)にごっている。　(　　)すき通っている。

(3) とけたものはどうなっていますか。
(　　)液全体に均一《きんいつ》に広がっている。
(　　)一部に集まっている。

2 下の図の［　　］にあてはまる言葉を、「水」、「水よう液」から選んでかきましょう。 実験　20点(1つ10点)

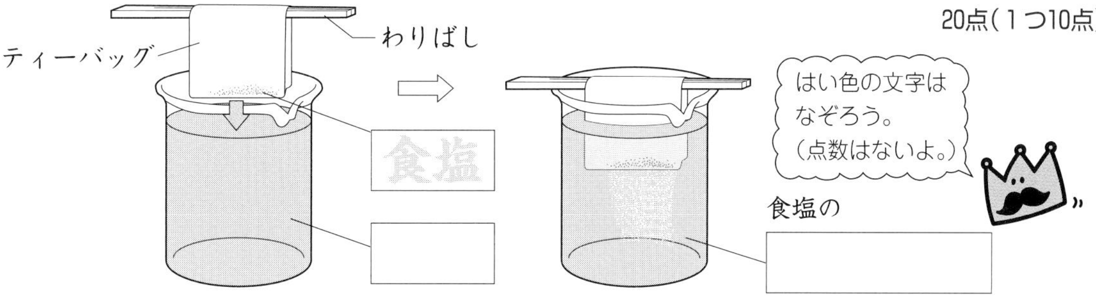
ティーバッグ
わりばし
食塩
食塩の
はい色の文字はなぞろう。(点数はないよ。)

食塩が水にとけていっている。

3 次の(　)にあてはまる言葉を下の［　　］から選んでかきましょう。　30点(1つ10点)

(1) ものが水にとけた液のことを水よう液といい、液は(　　　　　　　　)。

(2) ものを水に入れてかき混ぜ、時間がたっても、にごっていると、水にとけたとは(　　　　　　)。

(3) 使い終わった水よう液は、(　　　　　　　　)容器《ようき》に集める。

にごっている	すき通っている	決められた	いえない

20点(なぞりは点数なし)

だいじなまとめ
食塩を水にとかすと、とけたものが液全体に均一に(広がり)、液は{ すき通って・にごって }いる。

ヒント **1** ティーバッグの中の食塩のつぶは、水にとけると見えなくなります。

32 7 もののとけ方
メスシリンダーの使い方

月　日	時間10分	答え66ページ
名前		/100点

1 メスシリンダーの目もりの見方で、正しいものはどれですか。下の図の中で正しいものを選んで(　)に○をつけましょう。 ヒント 実験　20点

①(　　　)　②(　　　)　③(　　　)

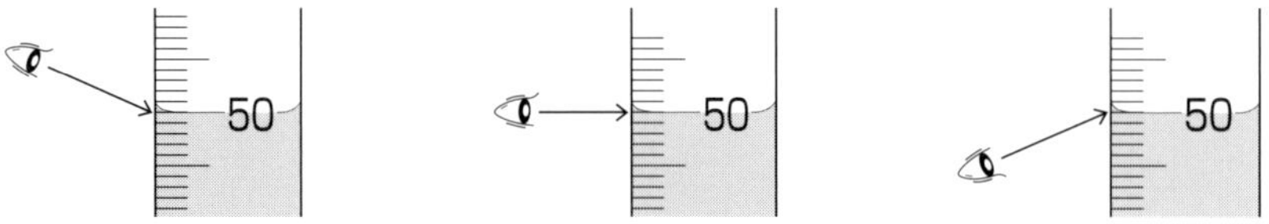

2 下の図の□にあてはまる言葉をかきましょう。また、50mLの液《えき》のはかり方で正しいほうに○をつけましょう。 ヒント 実験　40点(1つ10点)

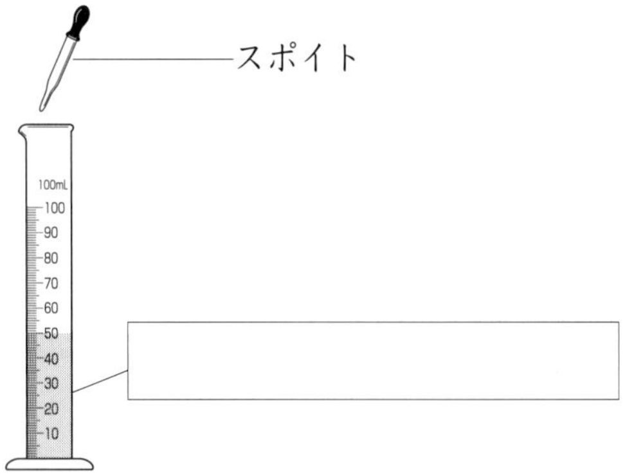

〔50mLの液をはかる場合〕

(1) はかる器具を｛水平な・ななめの｝ところに置く。

(2) 50の目もりの少し｛上・下｝のところまで液を入れる。

(3) 真横から50の目もりを見ながら、液面が50の高さになるように、液を｛少しずつ・多めに｝入れる。

3 次の(　)にあてはまる言葉を下の□から選んでかきましょう。　30点(1つ10点)

(1) 50gの水の体積は、約(　　　　)である。

(2) メスシリンダーの目もりは、液面の(　　　　　)下の面を、(　　　　)から見て読む。

100mL	50mL	ふくらんだ	へこんだ	真横	真上

10点(なぞりは点数なし)

だいじなまとめ メスシリンダーは、(水平)なところに置き、(　　　　)から目もりを見ることが大切である。

ヒント
1 メスシリンダーの目もりを読むときは、液面のへこんだところの面を、真横から見て読みます。
2 メスシリンダーに液を入れるときは、少しずつ入れます。

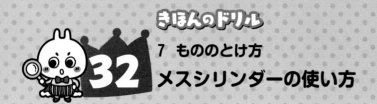

33 7 もののとけ方
てんびんの使い方

月　　日　時間10分　答え67ページ

名前

/100点

1 電子てんびんの使い方について、(　)にあてはまる言葉をかきましょう。 ヒント 実験

30点(1つ10点)

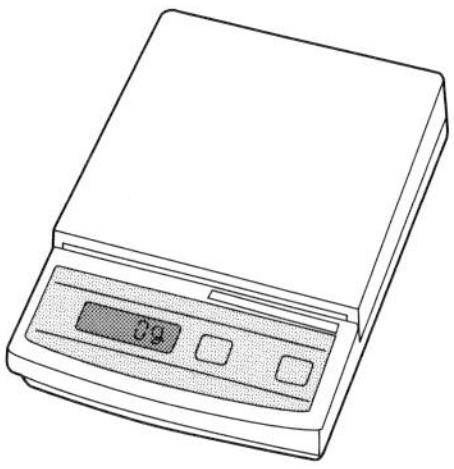

(1) 電子てんびんを(　　　　)なところに置き、スイッチを入れる。

(2) 何ものせないときの表示《ひょうじ》が(　　　　)となるようにする。

(3) はかるものを(　　　　)のせる。

2 下の図の □ にあてはまる言葉を下の □ から選んでかきましょう。 実験

40点(1つ10点)

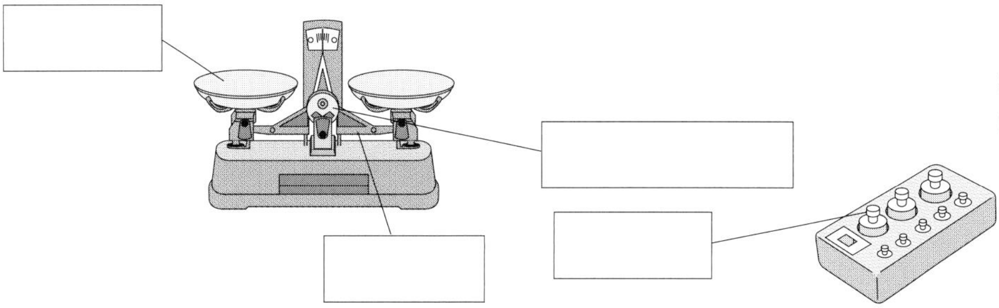

うで	皿	分銅《ふんどう》	調節ねじ

3 次の□にあてはまる言葉を答えましょう。 20点(1つ5点)

(1) ものの重さを正確《せいかく》にはかるには、電子□□□□などを使う。

(2) 上皿《うわざら》てんびんは、□□なところに置いて使う。

(3) 上皿てんびんは、使わないときは皿を□□に重ねておく。

(4) 皿に何ものせないとき、つり合っていない場合は、□□□□を回して、調節する。

(1) ＿＿＿＿
(2) ＿＿＿＿
(3) ＿＿＿＿
(4) ＿＿＿＿

10点(1つ5点、なぞりは点数なし)

だいじなまとめ

(上皿てんびん)は、{ 水平な・かたむいた } しっかりした台の上で使う。皿に何ものせないときに針が{ 左右同じ・左右でちがう } はばでふれるようにする。

ヒント **1** 電子てんびんでは、何ものせないときの表示を「0g」とします。

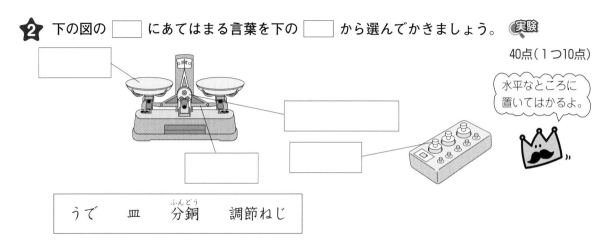

ものを水にとかすと重さは変わるか

月　日　時間10分　答え67ページ
名前
/100点

1 下の図のように、水に食塩をとかしました。㋐と㋑のビーカーの重さを比《くら》べるとどのようになりますか。正しいものの(　)に○をつけましょう。 実験　15点

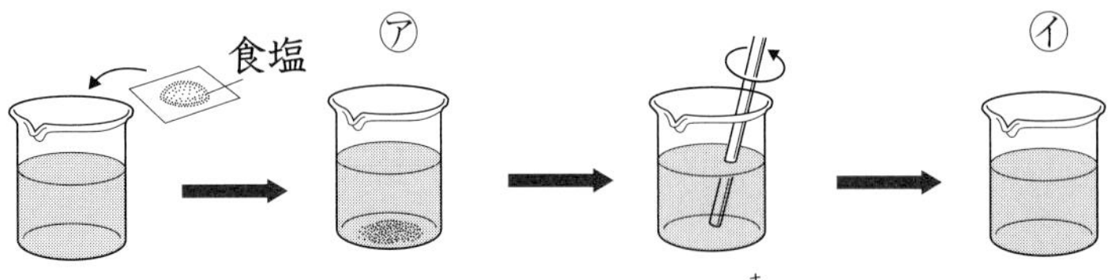
食塩
㋐
㋑

水　食塩が下にたまる。　かき混《ま》ぜる。　食塩が見えなくなる。

(　　)㋐のほうが重い。
(　　)㋑のほうが重い。
(　　)どちらも同じ。

2 下の図のように、水と食塩の全体の重さを、とかす前後ではかりました。とかす前のⒶでは65gになりました。次の問いに答えましょう。 実験　75点(1つ15点)

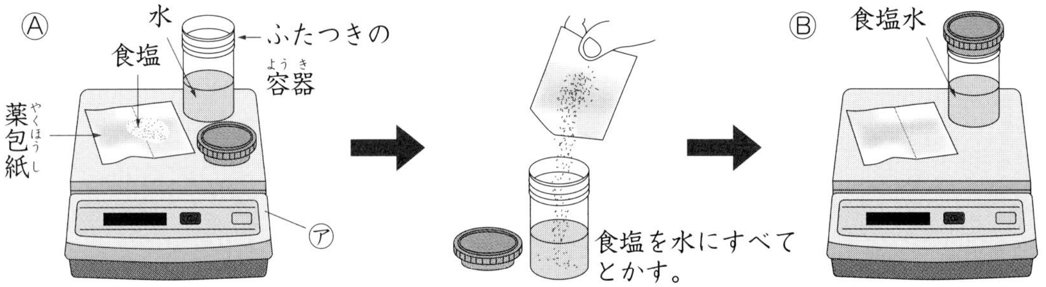
Ⓐ
水
ふたつきの
容器《ようき》
食塩
薬包紙《やくほうし》
㋐
食塩を水にすべてとかす。
Ⓑ
食塩水

(1) 図の㋐は、重さをはかる道具です。㋐の名前を次の①～③から選びましょう。
①上皿《うわざら》てんびん　②体重計　③電子てんびん　(　　)

(2) 図のⒷの重さはどうなりますか。次の①～③から選びましょう。
①65gより重い。　②65g　③65gより軽い。　(　　)

(3) 次の式の(　)にあてはまる言葉を、下の□から選んでかきましょう。 ヒント
・とけたものの重さ＋水の重さ＝(　　　　　　)の重さ
・食塩の重さ＋(　　)の重さ＝(　　　　　)の重さ

食塩	薬包紙	水	食塩水	水《すい》よう液《えき》

10点(なぞりは点数なし)

だいじなまとめ
食塩を水にとかす前の水の重さと食塩の重さをたしたものと、とかした後の水よう液の(重さ)は(　　　)である。

ヒント **2** (3)食塩がとけた水よう液のことを、食塩水といいます。また、「とかす前の全体の重さ」と「とかした後の全体の重さ」は等しいです。

7 もののとけ方

ものは水に限《かぎ》りなくとけるか

月　日　時間10分　答え67ページ

名前　　/100点

1 ミョウバンが水50mLと水100mLにどのくらいとけることができるかを調べました。［　　］にあてはまる言葉を、下の［　　］から選んでかきましょう。 実験　　30点（1つ10点）

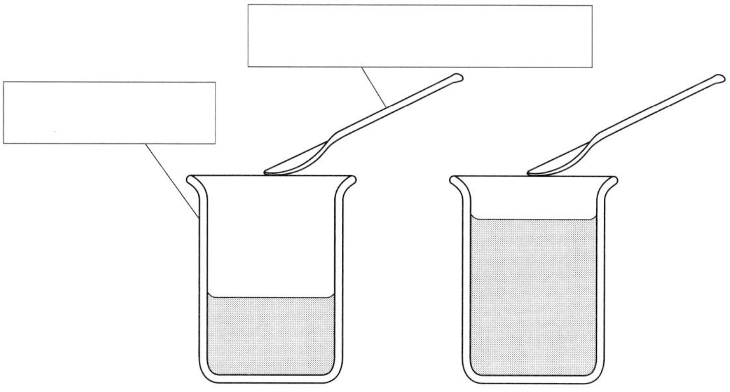

水100mLにとけるミョウバンの量は、水50mLにとけるミョウバンの量の約［　　　］でした。

半分	2倍	ビーカー
計量スプーン		

2 下の図のように、水50mL、水100mLが入ったビーカーに食塩を5gずつ増《ふ》やしてとかし、それぞれ食塩がすべてとけるかどうか調べました。下の表はその結果です。 実験

50点（1つ10点）

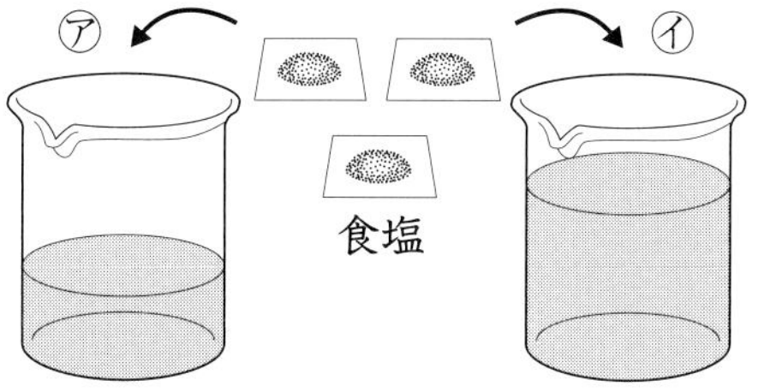

	5g	10g	15g	20g	25g	30g	35g	40g
ア	○	①（　）	○	×	×	×	②（　）	×
イ	○	○	③（　）	○	○	④（　）	○	×

○…とける　×…とけ残る

(1) 表の①～④には、○と×のどちらが入りますか。表に記号をかきましょう。

(2) 30gまで食塩を入れた㋐に、水を50mL加えました。とけ残っていた食塩は、とけますか。とけ残りますか。 ヒント　（　　　　）

20点（1つ10点、なぞりは点数なし）

だいじなまとめ

（ 食塩 ）もミョウバンも、一定の量の水にとける量は｛ 限りがある・限りがない ｝。水の量を増やすと、とける量も（　　　　　）。

ヒント **2** (2)水の量が増えると、とけるものの量も増えます。

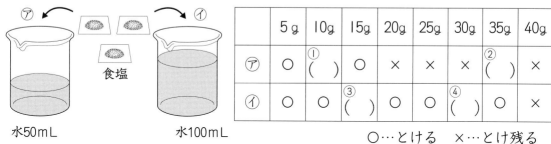

月　日　時間10分　答え67ページ

名前

/100点

36 7 もののとけ方
水の量とものがとける量

1 水の量を変えて、食塩とミョウバンのとける量をそれぞれ調べると、表のような結果になりました。次の問いに答えましょう。　実験　45点（1つ15点）

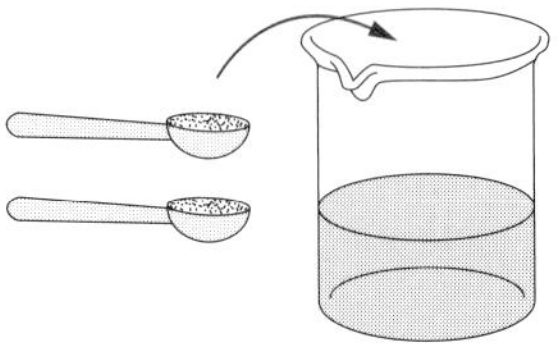

とけた食塩の量	とけたミョウバンの量
水50mLに、さじ5はい	水50mLに、さじ1はい
水100mLに、さじ(あ)はい	水100mLに、さじ2はい

(1) ㋐に入る数字を次から1つ選んで、○をつけましょう。{ 5・10・15・20 }

(2) 次の文の㋐、㋑のうち、正しいほうに○をつけましょう。

① ものが同じ量の水にとける量は、{ ㋐(　　)どれも同じ　㋑(　　)ものによってちがう }。

② 水の量を増《ふ》やすと、ものが水にとける量は、{ ㋐(　　)増える　㋑(　　)変わらない }。

2 下のグラフは、50mLと100mLの水にとける食塩とミョウバンの量を表しています。次の問いに答えましょう。　45点（1つ15点）

(1) 50mLの水にとける量が多いのは、食塩とミョウバンのどちらですか。　ヒント

(　　)食塩　(　　)ミョウバン

(2) 100mLの水にとける量が多いのは、食塩とミョウバンのどちらですか。

(　　)食塩　(　　)ミョウバン

(3) グラフから、水の量が2倍になると、とける量は何倍になりますか。

(　　)2倍　(　　)3倍　(　　)4倍

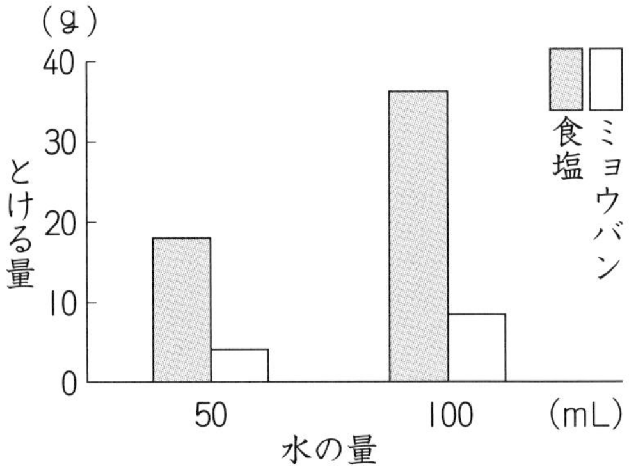

10点（1つ5点、なぞりは点数なし）

だいじなまとめ

水の量を増やすと、ものが { とける・とけ残る } 量も(増える)。
また、一定の量の水にとけるものの量は、とかすものによって { 決まっている・決まっていない }。

ヒント **2** (1)食塩とミョウバンでは、とける量にちがいがあり、グラフからどちらが多いかわかります。

月　日	時間10分	答え68ページ
名前		/100点

37 7 もののとけ方
水の温度とものがとける量

1 下のグラフは、50mLの水にとける食塩とミョウバンの量を水の温度を変えて調べたものです。次の（　）にあてはまる言葉をかきましょう。 ヒント 実験　20点（1つ10点）

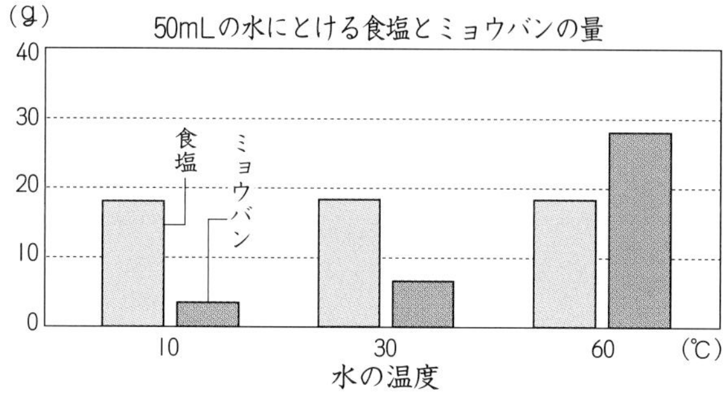

(1) 水の温度が高くなると、ミョウバンがとける量は（　　　　　）。

(2) 水の温度が変わっても、とける量があまり変わらないのは（　　　　　）である。

2 3つのビーカーに同じ量でそれぞれことなる温度の水を入れ、同じ量のミョウバンを加えてよくかき混《ま》ぜると、右の図のようになりました。この実験について、次の問いに答えましょう。 実験

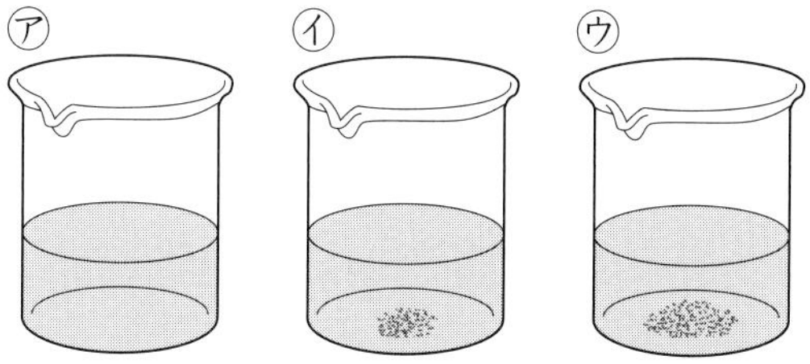

60点（1つ20点、(1)、(2)は全部できて20点）

(1) ㋐～㋒を、ミョウバンのとけ残りが多い順にならべましょう。

とけ残りが多い順（　　→　　→　　）

(2) ㋐～㋒を、水の温度が高い順にならべましょう。

水の温度が高い順（　　→　　→　　）

(3) とけ残ったミョウバンをとかす方法を、次の①～③から選びましょう。

① よく混ぜる。　② 温度を上げる。　③ 温度を下げる。　（　）

20点（なぞりは点数なし）

だいじなまとめ

（ミョウバン）は、水の温度を ｛上げる・下げる｝ と、とける量が増える。食塩は、水の温度を上げても、とける量がほとんど変化しない。

ヒント **1** ミョウバンは、温度によってとける量が大きく変わります。

きほんのドリル

38 7 もののとけ方
とかしたものを取り出す①

月　日　時間10分　答え68ページ

名前

/100点

1 60℃の水50mLにミョウバン20gを入れてかき混《ま》ぜると、全部とけて、ミョウバンの水《すい》よう液《えき》ができました。この水よう液をしばらく置くと、下の図のように、白いつぶが出てきました。この白いつぶが出てきたのはなぜですか。次の文の正しいほうに○をつけましょう。

ヒント　実験　20点(1つ10点)

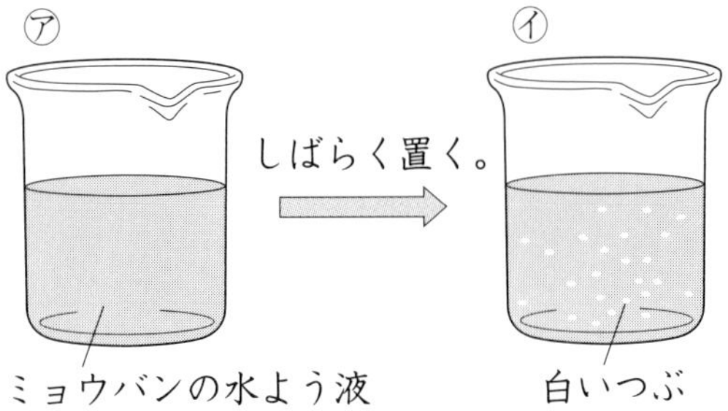

㋐
㋑
しばらく置く。
ミョウバンの水よう液
白いつぶ

ミョウバンは、水の温度を上げると、とける量が大きく{ 増《ふ》える ・減る }。その後㋐の水よう液の温度が{ 上がる・ 下がる }と、とけきれなくなったミョウバンのつぶが㋑のように出てくる。

2 下の図のように、50mLの水が入った㋐～㋒のビーカーに、ミョウバンをとけるだけとかしました。㋐～㋒の水の温度は、それぞれ10℃、30℃、60℃でした。この㋐～㋒のビーカーをしばらく置いておいて、温度がどれも部屋《へや》の温度(15℃)と同じになると、図の①～③のようになりました。㋐～㋒の結果を①～③から選びましょう。　実験　30点(1つ10点)

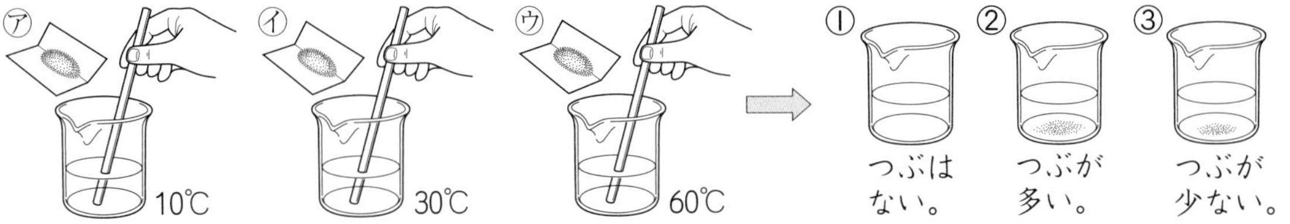

㋐
㋑
㋒
10℃
30℃
60℃
①
②
③
つぶはない。
つぶが多い。
つぶが少ない。

㋐(　　)　㋑(　　)　㋒(　　)

3 次の□にあてはまる言葉を答えましょう。　30点(1つ10点)

(1) ミョウバンの水よう液を①□□□と、とけ切れなくなった②□□□□□のつぶが出てくる。ヒント

(2) 食塩水を冷やしても食塩はあまり□□□□□□。

(1)①

②

(2)

20点(なぞりは点数なし)

だいじなまとめ　(ミョウバン)の水よう液を { 温める・冷やす } と、その温度ではとけることができなくなった分の、ミョウバンのつぶを取り出せる。

ヒント
1 温度を上げてつくった水よう液を冷やすと、ミョウバンのつぶが出てきます。
3 (1)水よう液にとかしたミョウバンを取り出すには、水よう液の温度を下げます。

ろ過《か》

月　日　時間10分　答え68ページ

名前

/100点

1 下の図の□にあてはまる言葉を、下の□から選んでかきましょう。 実験

40点(1つ10点)

液《えき》は ガラスぼう に伝わらせて注ぐ。

ろうと の先を ビーカー の内側につける。

ガラスぼう　ろ紙　ろうと台　ろうと

2 下の図のような方法で、つぶが混《ま》ざった液をつぶと液に分けます。次の問いに答えましょう。 実験

50点(1つ10点)

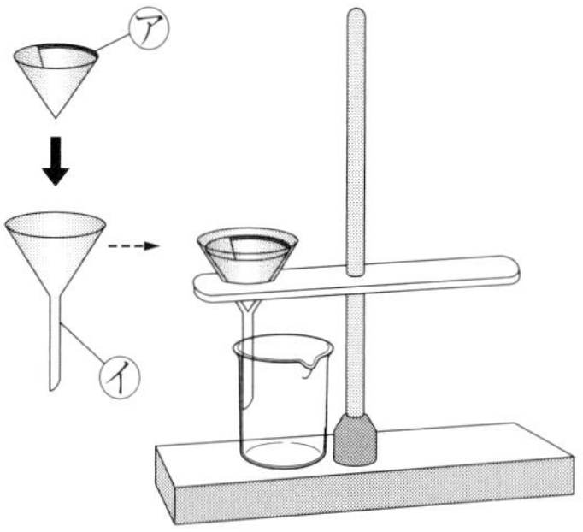

(1) この方法を何といいますか。　(　　　)

(2) ㋐を㋑にぴったりつける正しい方法を次の①～③から選びましょう。 ヒント　(　　)

①手で強くおしつける。　②水でぬらす。

③セロハンテープではりつける。

(3) 液を注ぐようすで、正しい方法を右の図のあ～うから選びましょう。　(　　)

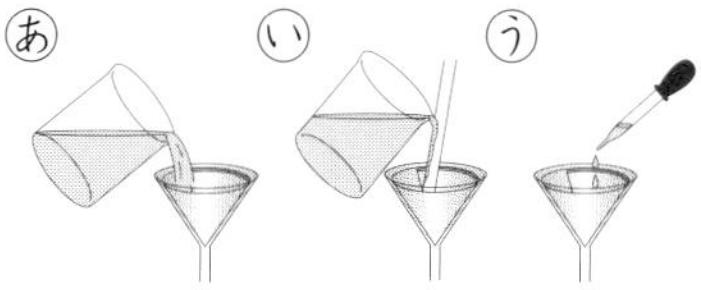

(4) つぶが混ざった液を(3)のようにしてしばらく置くと、つぶと液はそれぞれどうなりますか。Ⓐとⓑから選びましょう。

Ⓐ…㋐の中に残る。Ⓑ…㋐を通ってビーカーに出ていく。

つぶ(　　)　液(　　)

10点(なぞりは点数なし)

だいじなまとめ
水よう液《すいえき》の中のつぶは、ろ紙でこして { 取り出す・混ぜる } ことができる。ろ紙でこすことを(ろ過)という。

ヒント 2 (2)ろ紙はろうとにはめて水でぬらすと、ぴったりとはりつきます。

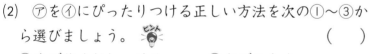

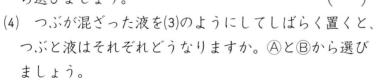

きほんのドリル

40 7 もののとけ方 とかしたものを取り出す②

月　日　時間10分　答え68ページ

名前　　　/100点

1 ミョウバンを水に入れてかき混《ま》ぜると、図1のようにとけ残りができました。これをあたためると、図2のように全部とけ、そのままにしておくと、冷えて図3のようにつぶが現《あらわ》れてきました。次の問いに答えましょう。 実験　60点（1つ20点）

図1　図2　図3

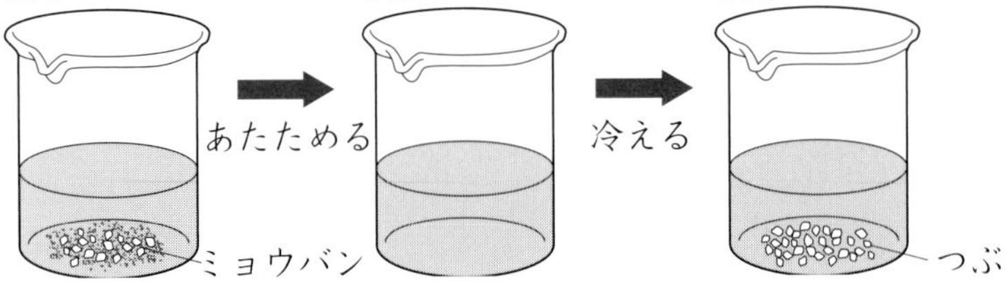

(1) 次の文にあてはまる言葉を、右の㋐～㋓から選んで記号で答えましょう。

ミョウバンは、温度が高いと水によくとけ、図2のようなミョウバンの（　　）になる。これが冷えると、図3のように（　　）色のつぶが現れてくる。

㋐つぶ	㋑水《すい》よう液《えき》
㋒白	㋓黒

(2) 図3の液をあたためるとつぶはどうなりますか。正しいものに○をつけましょう。

（　　）増《ふ》えていく。（　　）そのまま変わらない。（　　）とけていく。

2 ミョウバンを水に入れて混ぜて実験しました。次の問いに答えましょう。 ヒント 実験 20点

①

②

① ろ過《か》して、とけ残ったミョウバンのつぶを取り出す。

② ①でろ過した液をじょう発皿に入れて熱して、水をじょう発させる。

②の結果とわかることについて、次の㋐、㋑から正しいほうを選んで記号で答えましょう。（　　）

㋐ じょう発皿には何も残らないので、あの液には何もふくまれていない。

㋑ じょう発皿にはミョウバンが残るので、あの液にもミョウバンがふくまれている。

20点（なぞりは点数なし）

だいじなまとめ

ミョウバンの水よう液を（ じょう発皿 ）に取り、水を加熱して｛ じょう発・ろ過 ｝させると、とけていたミョウバンが現れる。

ヒント 2 ミョウバンや食塩の水よう液を熱して水をじょう発させると、ミョウバンや食塩が出てきます。

41 まとめのテスト1

月　日　時間15分　答え69ページ

名前

/100点

1 下の図のように、重さを調べる実験をしました。次の問いに答えましょう。 実験

60点(1つ10点)

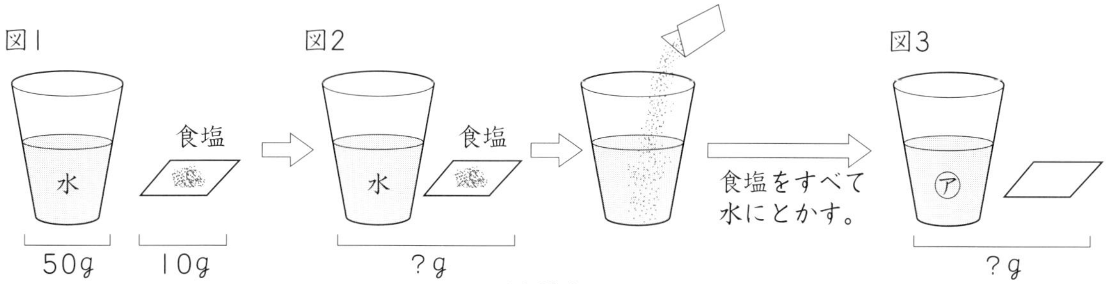

(1) 図1のように、水と容器、食塩と薬包紙《やくほうし》をそれぞれはかると50g、10gでした。図2のように、全体の重さをはかると何gになりますか。 (　　　　)

(2) 図3のように、食塩を水にとかしてから全体の重さをはかると何gになりますか。

(　　　　)

(3) ㋐は、食塩が水にとけてできた液《えき》です。何といいますか。2通り答えましょう。

①食塩の(　　　　)

②(　　　　)

(4) この実験からわかることを式に表しました。(　)にあてはまる言葉をかきましょう。

食塩の重さ+①(　　)の重さ=②(　　　　)の重さ

2 下のグラフは、50mLの水にとける食塩とミョウバンの量と、水の温度との関係を表したものです。次の問いに答えましょう。

40点(1つ10点、(4)は全部できて10点)

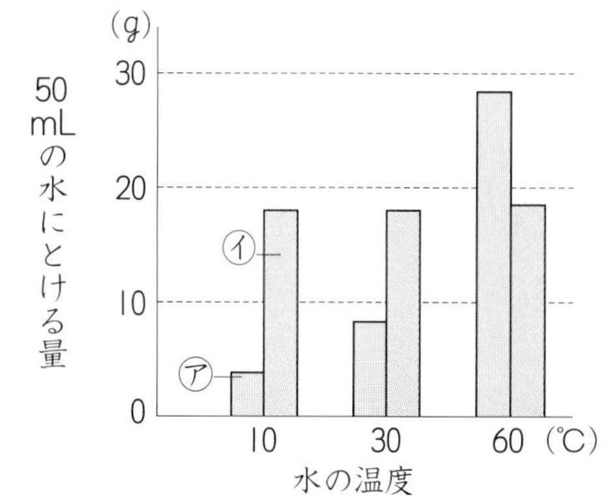

(1) 10℃の同じ量の水にとける量が多いのは、㋐と㋑のどちらですか。 (　)

(2) 水の温度が変わっても、とける量があまり変わらないのは、㋐と㋑のどちらですか。

(　)

(3) 水の温度によって、とける量が大きく変わるのは、㋐と㋑のどちらですか。 (　)

(4) ㋐と㋑は、食塩とミョウバンのどちらですか。 ㋐(　　　　)　㋑(　　　　)

42 まとめのテスト2

月　日	時間15分	答え69ページ
名前		/100点

1 下の図のⒶのように、水に食塩を入れてかき混(ま)ぜると、とけ残ったつぶが見られたので、Ⓑのようにして液(えき)をこしました。次の問いに答えましょう。 [実験]　70点(１つ10点)

Ⓐ

Ⓑ

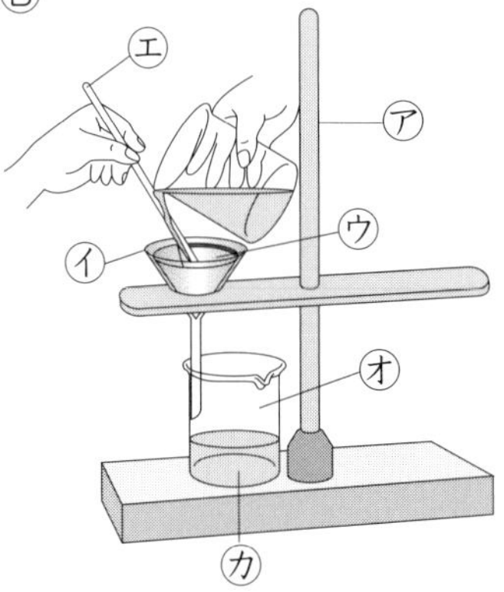

(1)　Ⓑの方法を何といいますか。

(　　　　　　)

(2)　㋐〜㋔の名前を下の［　　］から選んでかきましょう。

㋐(　　　　　　　　)

㋑(　　　　　　　　)

㋒(　　　　　　　　)

㋓(　　　　　　　　)

㋔(　　　　　　　　)

ろ紙	ろうと台	ビーカー	ガラスぼう	ろうと

(3)　㋕はどのような液ですか。正しいほうに○をつけましょう。

①(　　　)水　②(　　　)食塩水

2 右のグラフは、水50mLにとけるあるものの量を表しています。次の問いに答えましょう。　30点(１つ10点)

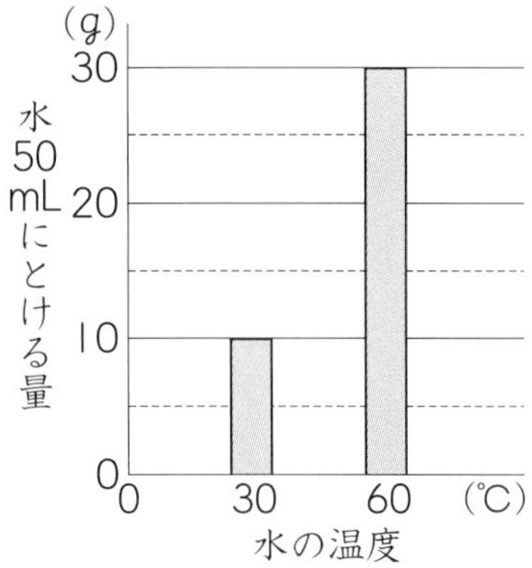

(1)　30℃の水50mLにとけるあるものの量は、何gですか。

(　　　　　　)

(2)　60℃の水50mLにとけるあるものの量は、何gですか。

(　　　　　　)

(3)　60℃の水50mLにあるものをとけるだけとかした液を30℃に冷やすと、つぶが何g出てきますか。

(　　　　　　)

コイルのつくり方

月　日　時間10分　答え69ページ
名前
/100点

1 次の［　　］にあてはまる言葉を［　　］から選んでかきましょう。 ヒント 実験 40点（1つ10点）

〔コイルのつくり方〕

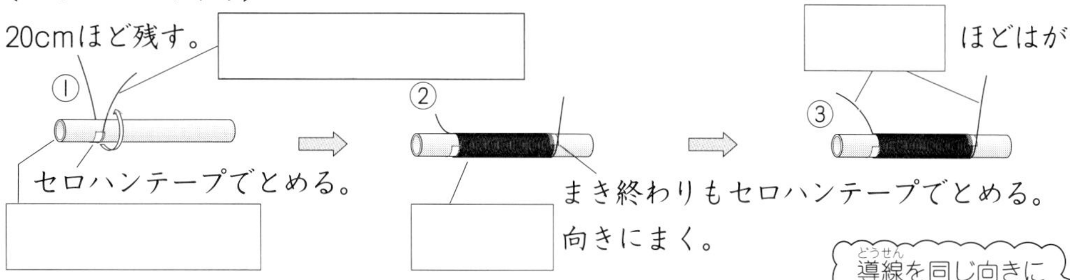
20cmほど残す。
両はしのエナメルを紙やすりで
ほどはがす。
①
②
③
セロハンテープでとめる。
まき終わりもセロハンテープでとめる。
向きにまく。

エナメル線　ストロー　同じ　2cm　10cm

導線《どうせん》を同じ向きに何回もまいたものをコイルというよ。

2 下の図のような回路をつくり、その性質《せいしつ》を調べました。 実験 40点（1つ10点）

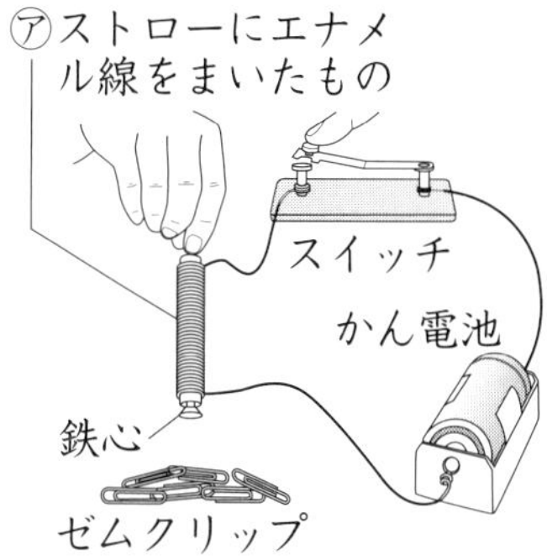
㋐ストローにエナメル線をまいたもの
スイッチ
かん電池
鉄心
ゼムクリップ

(1) 図の㋐を何といいますか。正しいものに○をつけましょう。

(　　)磁石　　(　　)コイル　　(　　)回路

(2) スイッチを入れ、㋐を近づけると、ゼムクリップはどうなりますか。

(　　)鉄心にくっつく。　(　　)鉄心からはなれる。

(3) (2)の後スイッチを切ると、ゼムクリップはどうなりますか。

(　　)鉄心にくっつく。　(　　)鉄心からはなれる。

(4) この実験から、この回路の鉄心はどのような性質をもつことがわかりますか。正しく説明したものを㋐～㋒から選んで、記号で答えましょう。 ヒント (　　)

㋐ 電流を流しても磁石の性質をもたない。

㋑ 電流を流すと磁石の性質をもつ。

㋒ 電流を流しても流さなくても磁石の性質をもつ。

20点（1つ10点、なぞりは点数なし）

だいじなまとめ

導線を同じ向きに何回もまいたものを(　　　　)という。コイルに鉄心を入れ、電流を流すと、磁石の性質を ｛ もつ・もたない ｝。これを(電磁石)という。

ヒント
1 エナメル線は、銅線《どうせん》の表面に電気を通さないエナメルをぬったものです。
2 (4)電流を流したときは磁石になり、流さないときは磁石でなくなります。

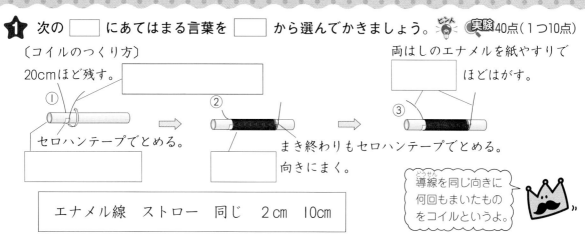

電磁石のN《エヌ》・S《エス》極

月　日　時間10分　答え69ページ

名前

/100点

1 下の図の□にあてはまる言葉を、下の□から選んでかきましょう。30点（1つ10点）

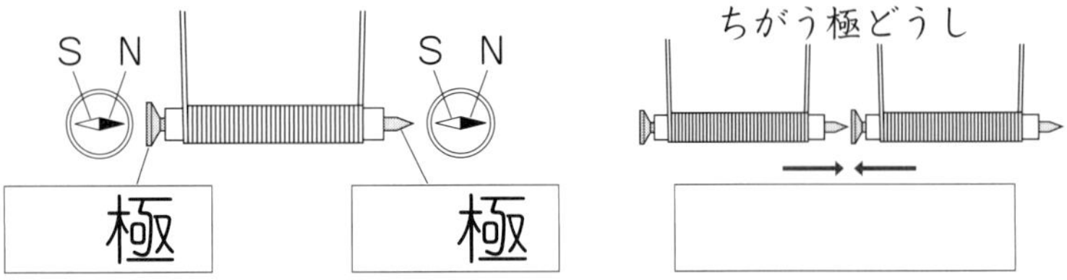
S N
S N
ちがう極どうし
極
極

N　S　引き合う　しりぞけ合う

2 右の図のように、コイルに鉄心を入れた回路をつくりました。次の問いに答えましょう。30点（1つ10点）

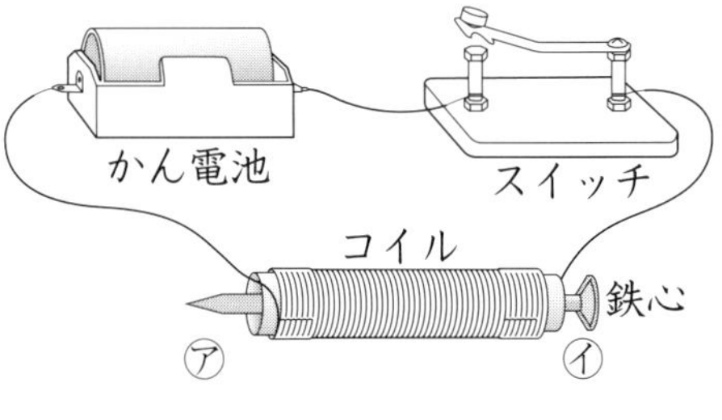
かん電池
スイッチ
コイル
鉄心
ア
イ

(1) コイルの両はしに方位磁針《じしん》を置き、コイルに電流を流したところ下の図のように針が動きました。鉄心のア、イはそれぞれ何極になりましたか。　ア（　　　）　イ（　　　）

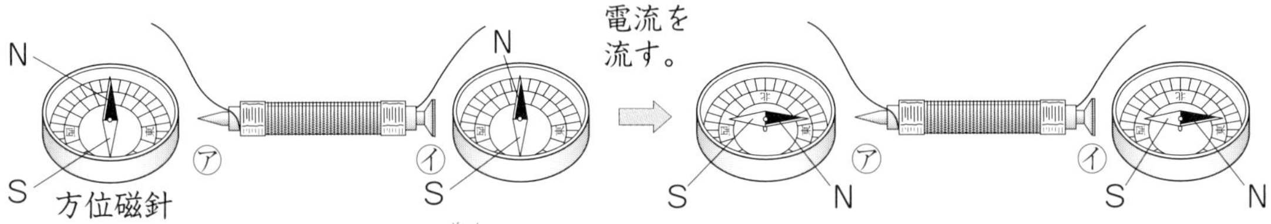
N
S
方位磁針
ア
N
イ
S
電流を流す。
S
ア
N
イ
S
N

(2) (1)のア、イの極をそれぞれ逆《ぎゃく》にするには、どうすればよいですか。正しいほうに○をつけましょう。

（　　）かん電池の向きを逆につなぐ。

（　　）スイッチをつなぐ向きを逆にする。

3 次の□にあてはまる言葉を答えましょう。30点（1つ15点）

回路のかん電池の向きを逆にすると、①□□の向きが逆になり、電磁石の極が②□になる。

①

②

10点（なぞりは点数なし）

だいじなまとめ

電磁石にも（ N極 ）と（ S極 ）があり、流れる電流の向きを逆にすると極も｛ 逆になる・変わらない ｝。

ヒント 2 (2)かん電池の向きを逆にすると、コイルに流れる電流の向きが逆になります。

電流計・電源《てんげん》そうちの使い方

月　日　時間10分　答え70ページ
名前
/100点

1 下の図の□にあてはまる言葉を下の□から選んでかきましょう。 実験

40点（1つ10点）

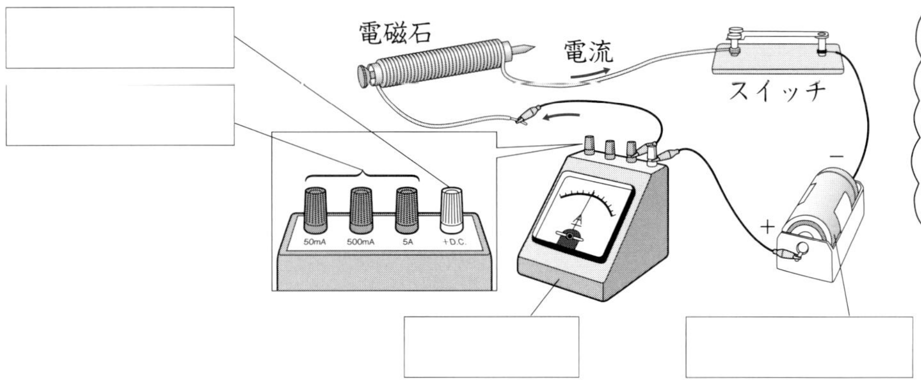

電流計がこわれることがあるので、電流計にかん電池や電源そうちだけをつないではいけないよ。

−《マイナス》たんし	+《プラス》たんし	かん電池	電流計

2 右の図のような電流計を使って、電磁石に流れる電流の大きさを調べました。次の問いに答えましょう。 実験

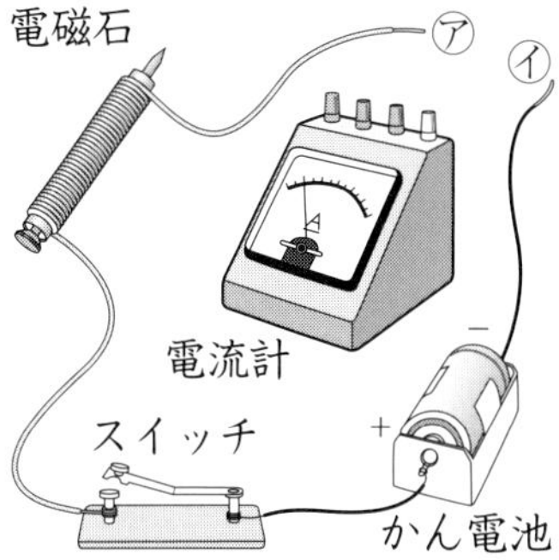

40点（1つ10点）

(1) 電流計の+たんしにつなぐ導線《どうせん》は、㋐と㋑のどちらですか。（　　）

(2) 電流計の3つの−たんしのうち、初めにつなぐたんしを次の①～③から選び、記号で答えましょう。ヒント
① 5A《アンペア》　② 500mA《ミリアンペア》　③ 50mA　（　　）

(3) 5Aの−たんしにつないで電流の大きさを調べると、右の図のようになりました。電流の大きさを答えましょう。

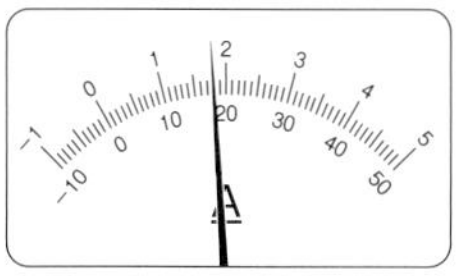

（　　　　）

(4) 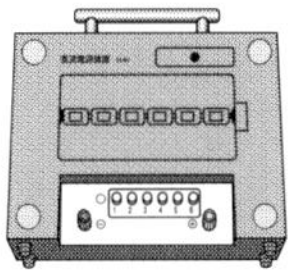 かん電池の代わりに左の図のそうちを使うと、時間がたっても同じ大きさで電流を流すことができます。これを何といいますか。

（　　　　　　）

20点（なぞりは点数なし）

だいじなまとめ
（ 電流計 ）を使うと、回路を流れる（　　　　）の大きさをはかることができる。

ヒント **2** (2)最初は、最も大きい電流をはかることができる−たんしにつなぎます。

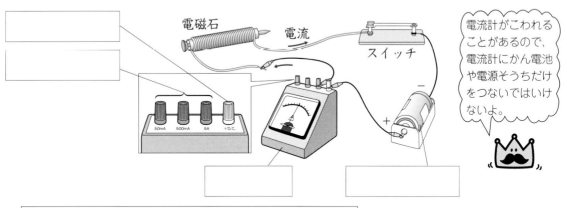

月　日　時間10分　答え70ページ

名前

/100点

46 8 電磁石《てんじしゃく》のはたらき
電流の大きさと電磁石の強さ

1 下の図のような回路をつくり、電流の大きさを変えて、持ち上がるゼムクリップの数を調べました。(　)にあてはまる言葉をかきましょう。 実験　40点(1つ20点)

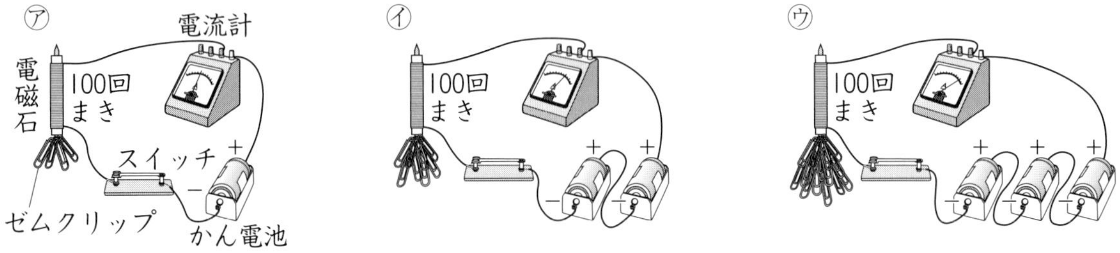
ア
電流計
電磁石
100回まき
スイッチ
ゼムクリップ
かん電池
イ
100回まき
ウ
100回まき

	かん電池の数	電流	ゼムクリップの数
ア	1個《こ》	1.4A《アンペア》	10個
イ	2個	2.8A	20個
ウ	3個	4.2A	30個

かん電池の数が多いほど、電流は(　　　　)なり、持ち上がるゼムクリップの数は(　　　　)なります。

2 右の図のような回路で、かん電池の数を変えて、電磁石の強さを比《くら》べました。次の問いに答えましょう。 実験　30点(1つ10点)

(1) アとイでは、どちらの方が多くのゼムクリップが持ち上がりますか。　(　　)

(2) アとイでは、コイルを流れる電流はどちらが大きいですか。 ヒント　(　　)

(3) 次の文の(　)にあてはまる言葉をかきましょう。

(1)と(2)から、電磁石が鉄を引きつける力は、コイルに流れる電流を(　　　　)すると、強くなることがわかる。

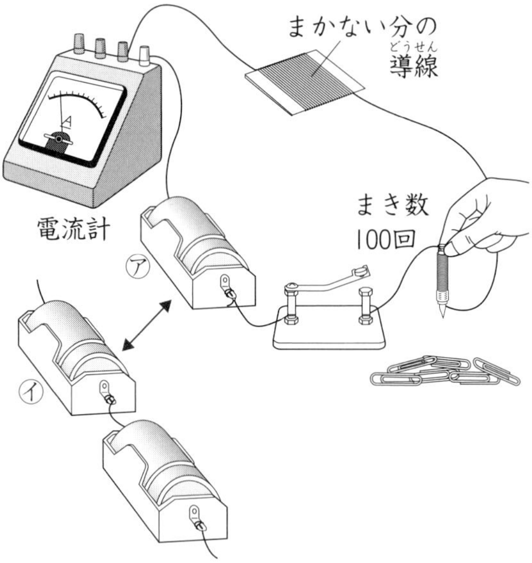
まかない分の導線《どうせん》
電流計
まき数
100回
ア
イ

30点(1つ15点、なぞりは点数なし)

だいじなまとめ

(電磁石)の強さは、コイルに流れる電流を大きくすると { 強く・弱く } なり、電流を小さくすると { 強く・弱く } なる。

ヒント **2** (2)かん電池を直列つなぎにした回路に流れる電流は大きくなります。

コイルのまき数と電磁石の強さ

月 日	時間10分	答え70ページ
名前		/100点

1 下の図のような回路をつくり、コイルのまき数を変えて、持ち上がるゼムクリップの数を調べました。(　)にあてはまる言葉を下の □ から選んでかきましょう。 ヒント 実験

30点(1つ15点)

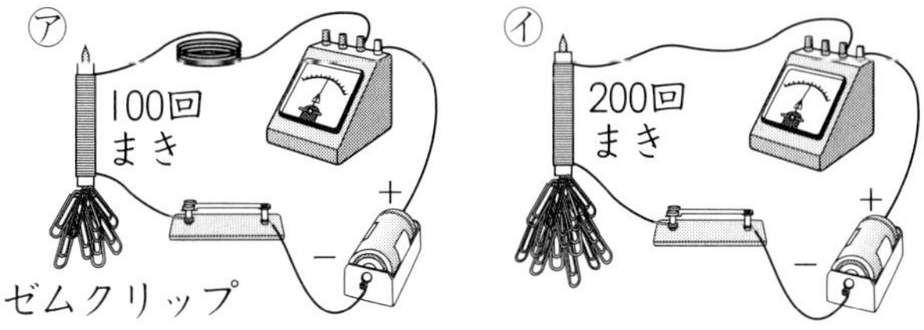

	コイルのまき数	電流	ゼムクリップの数
ア	100回	1.8A《アンペア》	14個《こ》
イ	200回	1.8A	20個

強く	弱く	少なく	多く

コイルのまき数が多いほど、電磁石が鉄を引きつける力は(　　　　)なり、持ち上がるゼムクリップの数は(　　　　)なる。

2 下の図のような回路で、コイルのまき数を変えて、電磁石の強さを比《くら》べました。次の問いに答えましょう。 実験　30点(1つ10点)

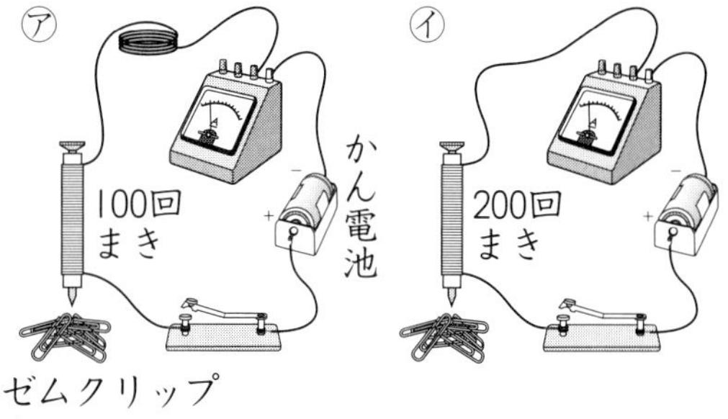

(1) コイルのまき数が100回(ア)と200回(イ)では、どちらが多くのゼムクリップを持ち上げますか。記号で答えましょう。(　　)

(2) アとイでは、電磁石が鉄を引きつける力はどちらが強いですか。(　　)

(3) (　)にあてはまる言葉をかきましょう。 ヒント

(1)と(2)から、電磁石が鉄を引きつける力は、コイルのまき数を(　　　　)すると、強くなることがわかる。

40点(1つ20点、なぞりは点数なし)

だいじなまとめ

電磁石の強さは、(コイル)のまき数を多くすると { 強く・弱く } なり、持ち上がるゼムクリップの数は { 多く・少なく } なる。

ヒント 1 2 (3)コイルのまき数が多くなると、電磁石が鉄を引きつける力は強くなります。

48 まとめのテスト1

月　日　時間15分　答え70ページ

名前

/100点

1 下の図のような回路に電流を流すと、電磁石《でんじしゃく》のⒶの部分に方位磁針《じしん》のN《エヌ》極が引き寄《よ》せられました。次の問いに答えましょう。 実験　50点(1つ10点)

(1) 流れる電流の向きは㋐、㋑のどちらですか。　(　　)

(2) 電磁石のⒶの部分はN極、S《エス》極のどちらですか。　(　　　)

(3) 図の◯の位置に方位磁針を置くと、針《はり》の向きはどのようになりますか。①～④から選び、記号で答えましょう。　(　　)

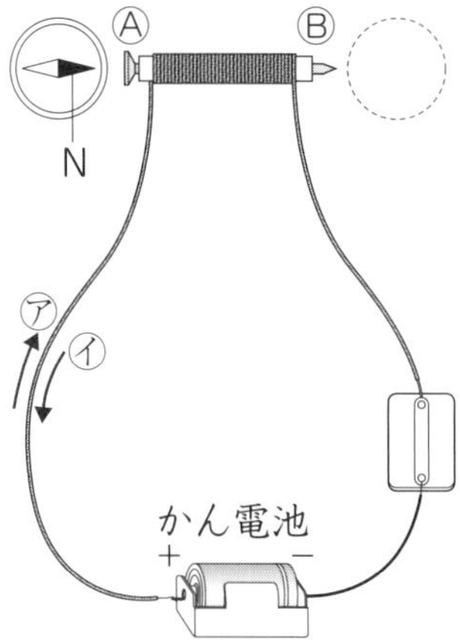

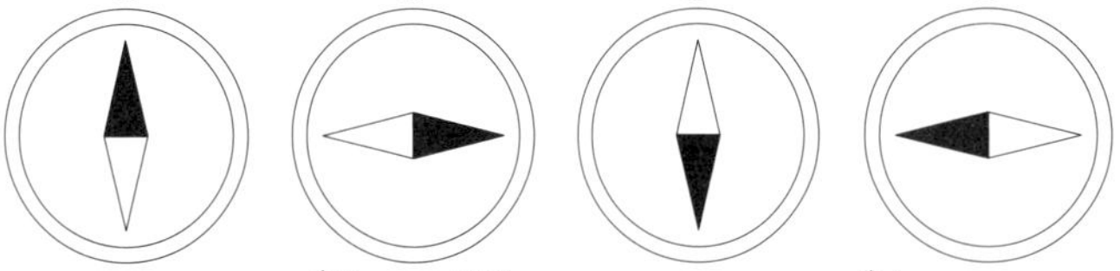

(4) かん電池の＋《プラス》極と－《マイナス》極のつなぎ方を逆《ぎゃく》にすると、流れる電流の向きは、図の㋐と㋑のどちらになりますか。　(　　)

(5) (4)のとき、電磁石のN極は、Ⓐ、Ⓑのどちらになりますか。　(　　)

2 下の図を見て、電流計の使い方について、次の問いに答えましょう。　50点(1つ10点)

(1) かん電池の＋極からの導線《どうせん》は、電流計のどのたんしにつなぎますか。＋か－で答えましょう。　(　　)

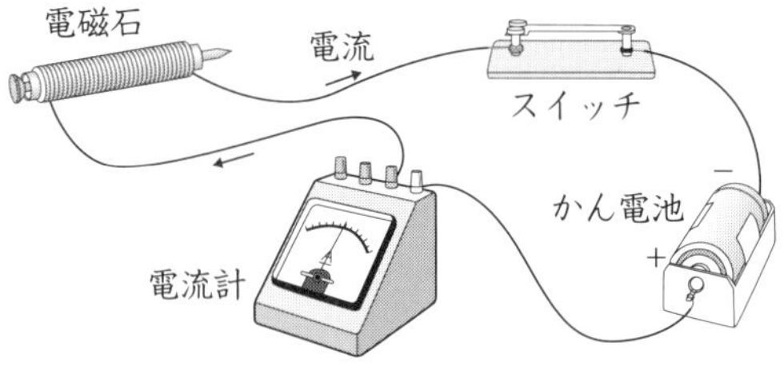

(2) かん電池の－極、スイッチ、電磁石の順につないだ後、電磁石からの導線は、最初に電流計の次の㋐～㋒のどこのたんしにつなぎますか。　(　　)

㋐ ＋たんし　㋑ 5A《アンペア》の－たんし　㋒ 50mA《ミリアンペア》の－たんし

(3) スイッチを入れて、電流計の針のふれが小さすぎるときはどうしますか。㋐～㋒から選び、記号で答えましょう。　(　　)

㋐ －たんしを50mA、500mAと順につなぎかえる。

㋑ －たんしを500mA、50mAと順につなぎかえる。

㋒ かん電池の向きを入れかえる。

(4) 次の文で正しいものには○、まちがっているものには×をつけましょう。

(　　)電流計にかん電池だけをつないではいけない。

(　　)100mAは、1Aである。

49 まとめのテスト2

月　日　時間15分　答え71ページ

名前

/100点

1 下の図のようにして、かん電池の数やコイルのまき数を変えて、電磁石《でんじしゃく》の強さを比《くら》べました。次の問いに答えましょう。 実験

50点(1つ10点)

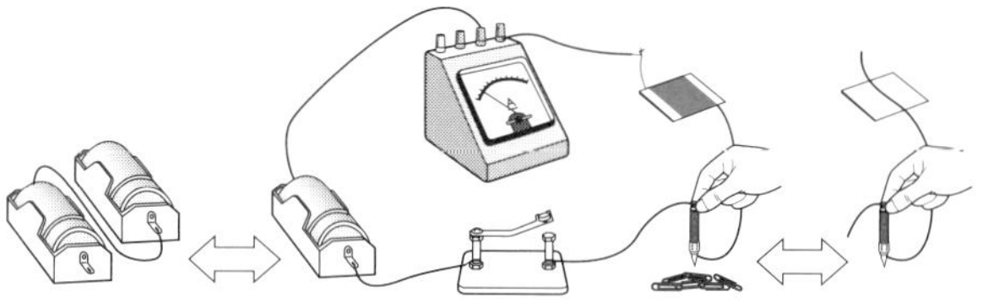

㋑かん電池
2個
㋐かん電池
1個
㋒まき数
100回
㋓まき数
200回

(1) ㋐と㋑では、どちらの電流が大きいですか。記号で答えましょう。

(　　)

(2) ㋒のまき数のとき、㋐と㋑では、電磁石が持ち上げるゼムクリップの数は、どちらが多いですか。{ ㋐・㋑ }

(3) ㋐の電池の数のとき、㋒と㋓では、電磁石が持ち上げるゼムクリップの数は、どちらが多いですか。

{ ㋒・㋓ }

(4) 次の文は電磁石の強さについての説明です。(　)にあう言葉をかきましょう。

電磁石が鉄を引きつける力は、コイルを流れる電流を(　　　　　)したり、コイルのまき数を(　　　　　)したりすると、強くなる。

2 電磁石の性質《せいしつ》を調べるために、下の図のような回路をつくりました。次の問いに答えましょう。 実験

50点(1つ10点)

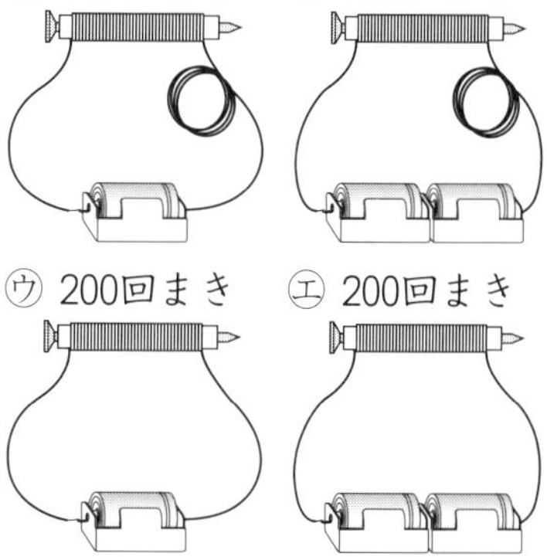

㋐ 100回まき
㋑ 100回まき
㋒ 200回まき
㋓ 200回まき

(1) ㋐と㋑では、余《あま》った導線《どうせん》を切らないでそのままにしておきます。その理由を説明した次の文の(　)にあてはまる言葉をかきましょう。

100回まきのコイルを使った回路と200回まきのコイルを使った回路で導線の(　　　　)を変えないため。

(2) 次の①と②から、どのようなことがわかりますか。下のⒶ～Ⓒからそれぞれ選び、記号で答えましょう。

① ㋐と㋑の電磁石が鉄を引きつける力の大きさを比べる。 (　　)

② ㋐と㋒の電磁石が鉄を引きつける力の大きさを比べる。 (　　)

Ⓐ コイルのまき数と、電磁石が鉄を引きつける力との関係

Ⓑ 電流の大きさと、コイルのまき数との関係

Ⓒ 電流の大きさと、電磁石が鉄を引きつける力との関係

(3) 電磁石が鉄を引きつける力が最も強いものは図の㋐～㋓のどれですか。 (　　)

(4) 電磁石が鉄を引きつける力が最も弱いものは図の㋐～㋓のどれですか。 (　　)

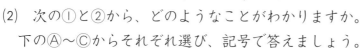

ふりこについて

月　日　時間10分　答え71ページ

名前

/100点

1 下の図の □ にあてはまる言葉を下の □ から選んでかきましょう。実験

60点（1つ15点）

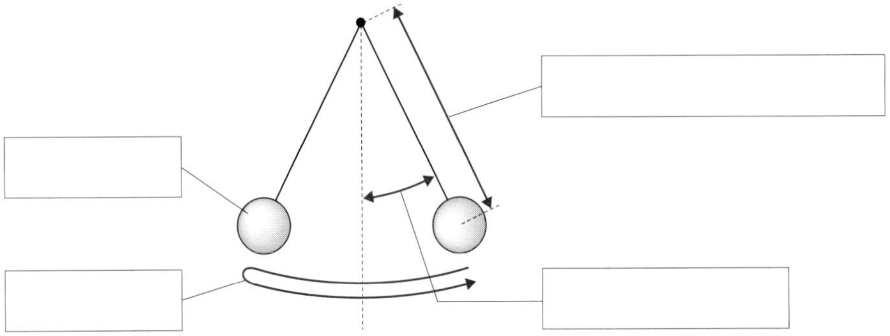

おもり	ふれはば	1往復《おうふく》	ふりこの長さ

2 下の図Ⓐのように、おもりを糸につるしてふりました。次の問いに答えましょう。

30点（1つ10点）

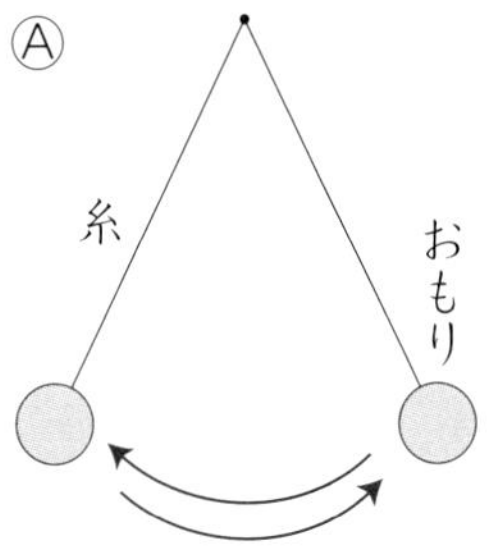

(1)　おもりを糸などにつるして、ふれるようにしたものの名前を、次の①～③から選んでかきましょう。　（　　）

①てこ　②ふりこ　③たいこ

(2)　ふりこの長さを表しているのは、右の図Ⓑの㋐～㋒のどれですか。ヒント　（　　）

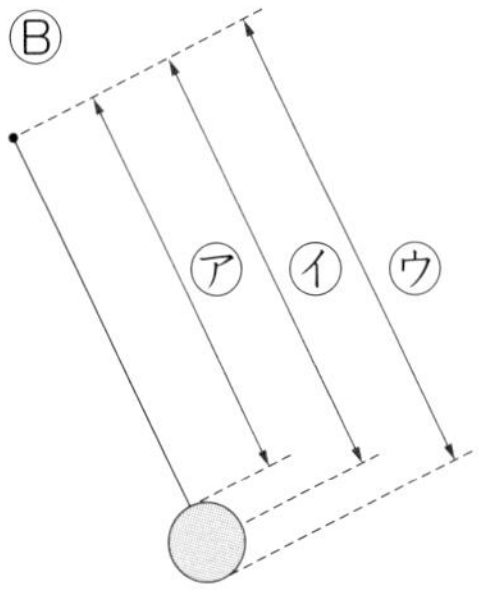

(3)　次のもののうち、(1)のものを利用しているものに○をつけましょう。

（　　）くぎぬき

（　　）トング

（　　）ふりこ時計

10点

だいじなまとめ　糸などにおもりをつるして、ふれるようにしたものを、（　　　　　）という。

ヒント　**2** (2)ふりこの長さは、糸をつるす点からおもりの中心までの長さです。

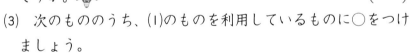

9 ふりこのきまり

ふりこが１往復《おうふく》する時間と条件《じょうけん》

月　日　時間10分　答え71ページ
名前
/100点

1 ふりこが１往復する時間は、何に関係するかを調べました。次の問いに答えましょう。

実験　10点（１つ５点）

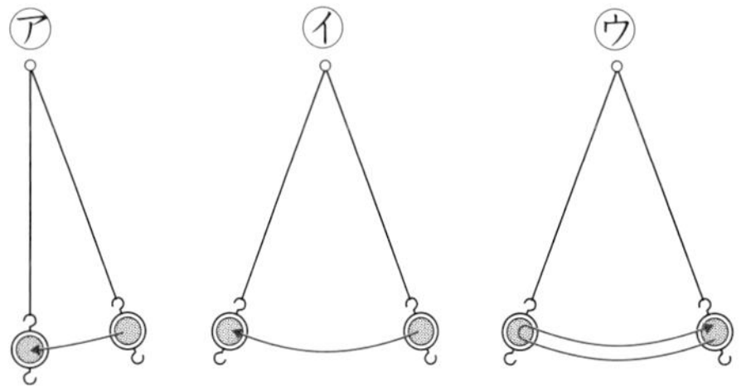

㋐
㋑
㋒

(1)　右の図から、ふりこの１往復の動きで、正しいものを選んで記号をかきましょう。（　　）

(2)　ふりこのおもりの重さを重くすると、ふりこが１往復する時間はどのようになりますか。正しいものを選んで（　）に○をつけましょう。

（　　）長くなる。　（　　）短くなる。　（　　）変わらない。

2 ふりこの長さだけを変えて、他の条件が同じふりこが10往復する時間を３回ずつはかり、ふりこが１往復する時間を比《くら》べました。次の問いに答えましょう。　実験　70点（１つ10点）

(1)　実験の結果は、下の表のようになりました。（　）に数字をかきましょう。 ヒント

※電たくを使ってもよいです。

※小数第２位を四捨五入《ししゃごにゅう》しましょう。

３でわる　　10でわる

ふりこの長さ	１回め	２回め	３回め	３回の合計	１回あたりの10往復する時間	１往復する時間
25cm	9.9秒	10.0秒	10.1秒	㋐（　　　）秒	㋑（　　　）秒	㋒（　　　）秒
50cm	14.3秒	14.1秒	14.2秒	㋓（　　　）秒	㋔（　　　）秒	㋕（　　　）秒

(2)　この実験の結果からわかることをまとめました。正しいものに○をつけましょう。

①（　　）ふりこの長さが長いほど、１往復する時間は長くなる。

②（　　）ふりこの長さが長いほど、１往復する時間は短くなる。

③（　　）ふりこの長さを変えても、１往復する時間は変わらない。

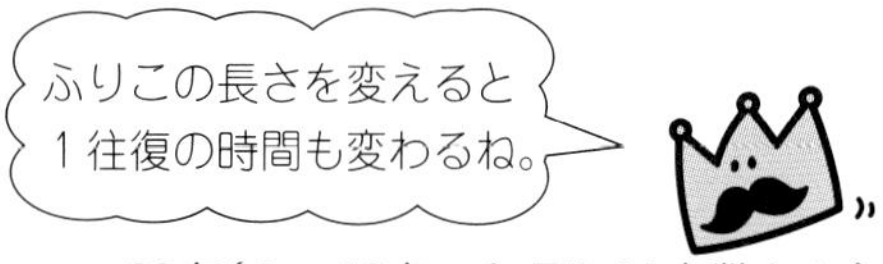

ふりこの長さを変えると
１往復の時間も変わるね。

20点（１つ10点、なぞりは点数なし）

だいじなまとめ

ふりこが１往復する時間は、ふりこの ｛ 長さ・重さ ｝ で変わる。

（ ふりこの長さ ）が長いと、１往復する時間は ｛ 長く・短く ｝ なる。

ヒント **2** (1)「３回の合計」には１回め、２回め、３回めの数字をたし算して答えましょう。

52 まとめのテスト

1 下の図①のふりこについて、ふりこが1往復《おうふく》する時間を調べました。その後、図②～④のようにふりこの条件《じょうけん》を変えて、1往復する時間を調べました。次の問いに答えましょう。

実験　30点（1つ10点）

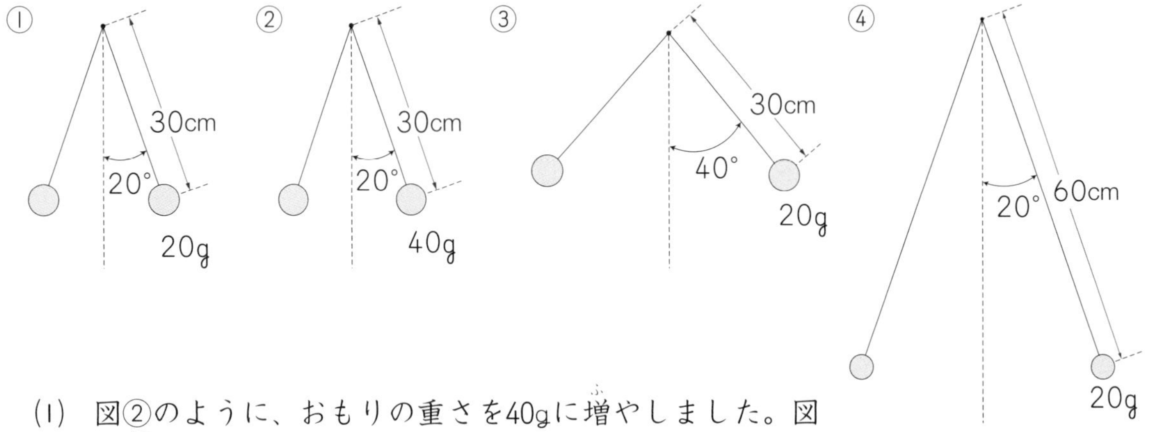

(1) 図②のように、おもりの重さを40gに増《ふ》やしました。図①と比《くら》べて、1往復する時間はどうなりますか。

（　　　　　）

(2) 図③のように、ふれはばを40°と大きくしました。図①と比べて、1往復する時間はどうなりますか。

（　　　　　）

(3) 図④のように、ふりこの長さを60cmと長くしました。図①と比べて、1往復する時間はどうなりますか。（　　　　　）

2 ふりこが1往復する時間を、以下のようにふりこの条件を変えて調べました。次の文の（　）にあてはまる言葉をかきましょう。 実験　70点（1つ10点）

(1) ふりこが1往復する時間を調べる実験では、ふりこの長さ、おもりの重さ、ふりこのふれはばの3つの条件のうち、どれか（　　）つずつを変えて調べる。

(2) ふりこの長さを変えたときは、1往復する時間が（　　　　　）。

(3) おもりの重さを変えたときは、1往復する時間が（　　　　　）。

(4) ふりこのふれはばを変えたときは、1往復する時間が（　　　　　）。

(5) したがって、ふりこが1往復する時間は、おもりの（　　　）やふれはばを変えても変わらず、ふりこの（　　　）を変えると変わる。

(6) ふりこが1往復する時間を長くするには、ふりこの長さを（　　　）すればよい。

ヒトの受精卵《じゅせいらん》

1 ヒトのたんじょうについて、次の問いに答えましょう。

40点（(1)は１つ10点、(2)は全部できて20点）

(1)　右の図は、ヒトの受精《じゅせい》が起こる直前のようすをスケッチしたものです。□ にあてはまる言葉を下の □ から選んでかきましょう。

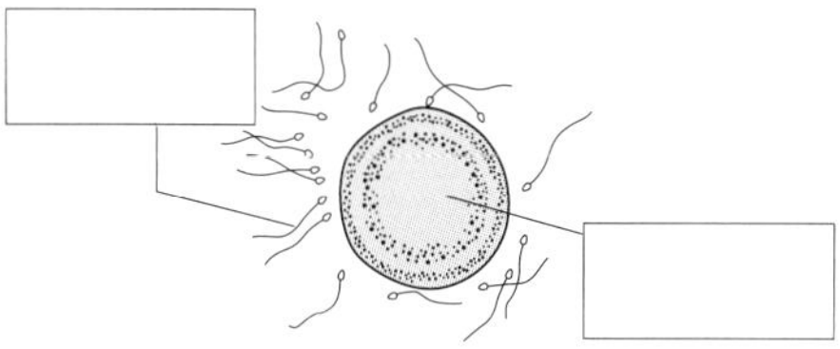

精子《せいし》　卵《らん》　羊水《ようすい》　養分

(2)　下の図は、ヒトの育っていくようすを表したものです。育つ順に番号をつけましょう。ヒント

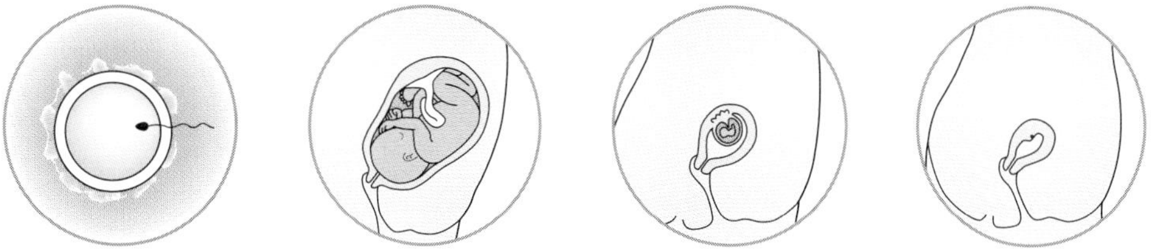

□　□　□　□

2 次の問いに答えましょう。また、□にあてはまる言葉を答えましょう。ヒント 40点（１つ10点）

(1)　ヒトは、たんじょうするまで母親の①□□の中で、母親から養分をもらって育つ。①の中は、②□□という液体《えきたい》で満たされている。

(2)　へそのおは、母親の体のどことつながっていますか。

(3)　たいばんは、子どもが養分など必要なものを□□からもらい、いらないものをわたすところである。

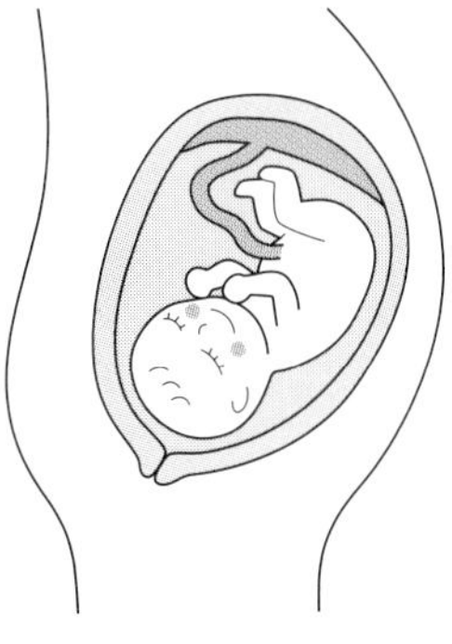

(1)①

②

(2)

(3)

20点（１つ10点、なぞりは点数なし）

だいじなまとめ

女性《じょせい》の体内でつくられた卵（卵子《らんし》）が、男性の体内でつくられた精子と結びつくことを（ 受精 ）といい、受精した卵を（　　　　）という。ヒトは母親の子宮で（　　　　）という液体につかって育つ。

ヒント
1 (2)受精卵が育って、だんだん大きくなっていきます。
2 「たいばん」、「羊水」、「子宮」、「母親」から選んで答えましょう。

54 ヒトがたんじょうするまで

月　日　時間10分　答え72ページ
名前
/100点

1 下の図は、子宮《しきゅう》の中でヒトの子どもが育っているようすです。□にあてはまる言葉を下の□から選んでかきましょう。ヒント　40点（1つ10点）

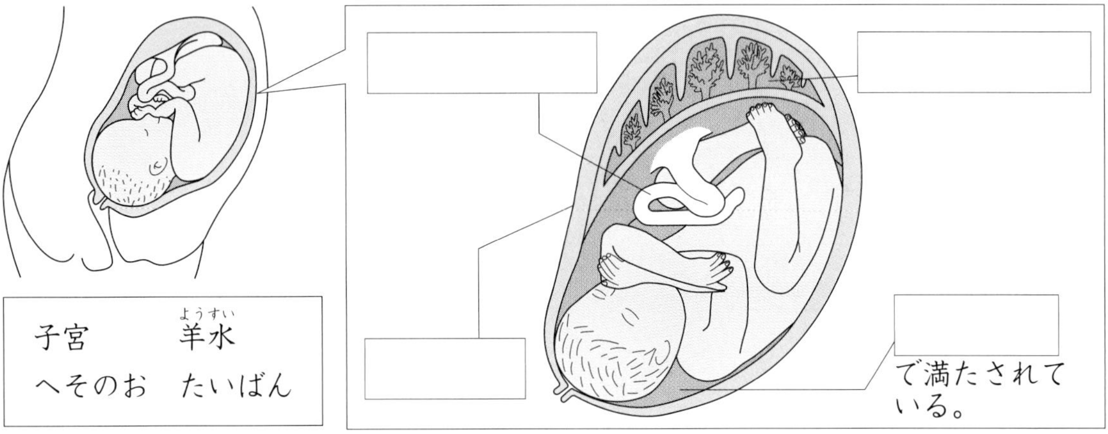

子宮　羊水《ようすい》
へそのお　たいばん

2 下の図は、母親の体の中で、ヒトの子ども（受精卵《じゅせいらん》）が育っていくようすを表しています。（　）にあてはまる言葉を下の□から選んでかきましょう。　20点（1つ10点）

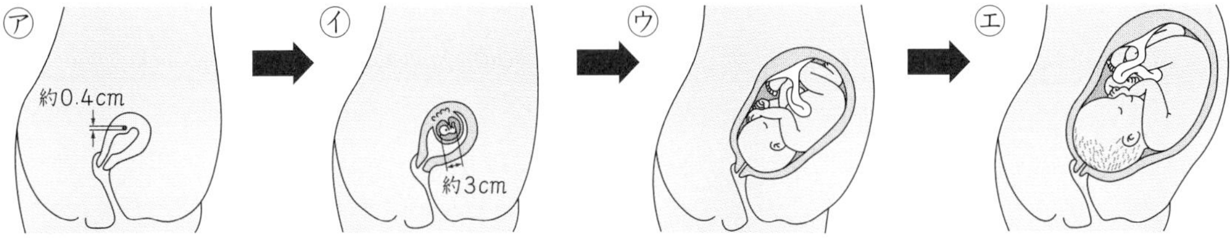

(1) 受精卵は、母親の（　　　　）の中で育つ。ヒント
(2) 図の㋓は、約（　　　　）めで、体に丸みが出て、かみの毛やつめが生えてくる。

子宮　たいばん
2週　32週

3 次の問いに答えましょう。また、□にあてはまる言葉を答えましょう。　30点（1つ10点）

(1) ヒトは、子宮の中で□□という液体《えきたい》につかって育つ。　(1)
(2) 養分などは、たいばんから□□□□を通して受け取る。(2)
(3) 卵《らん》と精子《せいし》が結びつくことを何といいますか。　(3)

10点（なぞりは点数なし）

だいじなまとめ
ヒトの子どもは、母親の（子宮）の中で、たいばんから（　　　　）を通して養分をもらって育ち、受精《じゅせい》して約38週間でたんじょうする。

ヒント
1 へそのおとたいばんで、母親と子どもがつながっています。
2 (1)子宮は、母親の体内で子どもが育つところです。

55 まとめのテスト

月　日　時間15分　答え72ページ

名前

/100点

1 下の図は、母親の子宮(しきゅう)の中でヒトの子どもが育っていくようすを表しています。次の問いに答えましょう。(2)～(4)は下の[　]から選んでかきましょう。　40点(1つ10点)

(1) ヒトの卵(らん)の直径は、約何mmですか。次のうち最もあてはまるものに○をつけましょう。

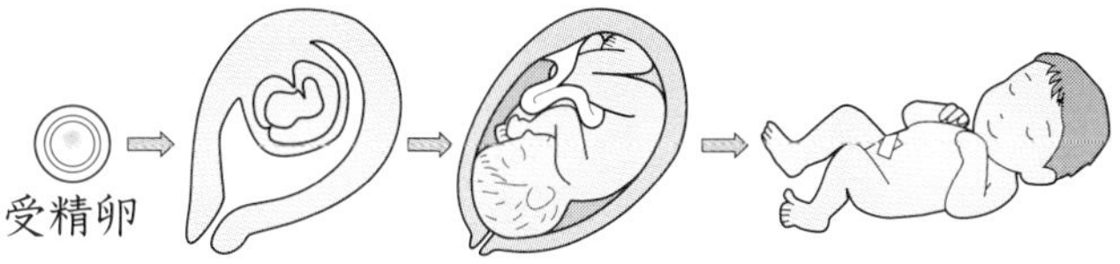

(　)0.14mm　(　)3mm　(　)5mm

(2) ヒトは受精(じゅせい)してから子どもが生まれるまで、約何週間かかりますか。

(　　　　)

(3) 生まれたばかりのヒトの子どもの身長は、約何cmですか。(　　　　)

(4) 生まれたばかりのヒトの子どもの体重は、約何gですか。(　　　　)

2週間	38週間	100cm	50cm	30000g	3000g

2 下の図は、母親の子宮の中のヒトの子どものようすです。次の問いに答えましょう。

60点(1つ10点)

(1) 図の㋐～㋓にあてはまる言葉を下の[　]から選んでかきましょう。

㋐(　　　　)　㋑(　　　　)

㋒(　　　　)　㋓(　　　　)

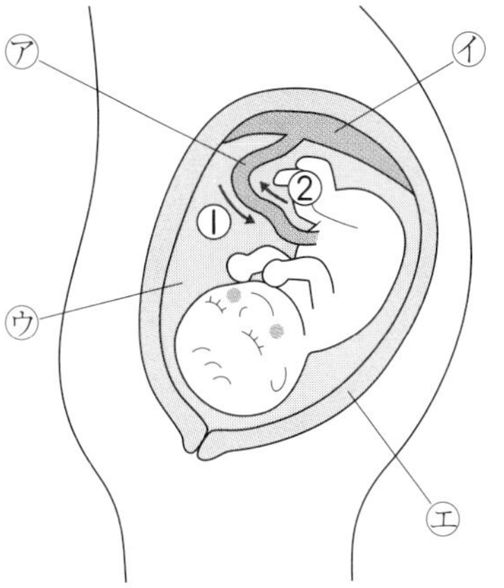

子宮	たいばん	へそのお	羊水(ようすい)

(2) 図の①と②の矢印は、母親と子どもとの間でやり取りされるものの流れを示(しめ)しています。何がやり取りされていますか。下の[　]から選んでかきましょう。

①(　　　　　　)

②(　　　　　　)

養分	いらないもの	乳(ちち)

答え 5年の 理科

付録 論理パズル (p.1)

❶ 下の図の・は、台風の中心を表しています。この台風の中心が①、②の地点に着くには、最短で何マス動けばよいかを答えましょう。また最短の進み方が何通りあるか答えましょう。図の矢印のように上・下・左・右にのみ線の上を１マスずつ進むことができます。

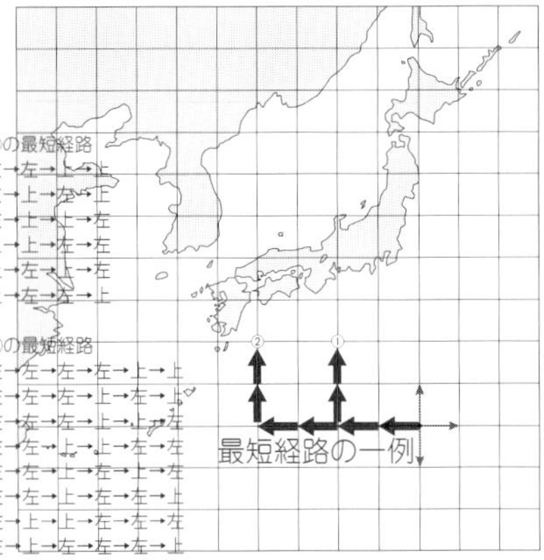

①の最短経路
左→左→上→上
左→上→左→上
左→上→上→左
上→上→左→左
上→左→上→左
上→左→左→上

②の最短経路
左→左→左→左→上→上
左→左→左→上→左→上
左→左→左→上→上→左
左→左→上→上→左→左
左→左→上→左→上→左
左→左→上→左→左→上
左→上→上→左→左→左
左→上→左→左→左→上
左→上→左→左→上→左
左→上→左→上→左→左
上→左→左→左→左→上
上→左→左→左→上→左
上→左→左→上→左→左
上→左→上→左→左→左
上→上→左→左→左→左

①（最短で　4　マス　6　通り）
②（最短で　6　マス　15　通り）

考え方 ❶ ①へは最短ではいずれも左に２マス分、上に２マス分進みます。②へは最短ではいずれも左に４マス分、上に２マス分進みます。

付録 お話クイズ (p.2)

❶ ドリル王子がかいた次の文章を読んで、問題に答えましょう。

電磁石の鉄心は、ぼう磁石《じしゃく》のように鉄をひきつける。電磁石の極について、次の①、②の方法で調べた。

〈実験〉

① 方位磁針《じしん》を使って、電磁石にN《エヌ》極、S《エス》極があるか調べた。

② かん電池をつなぐ向きを変えて、電流の向きを逆にするとどうなるか調べた。

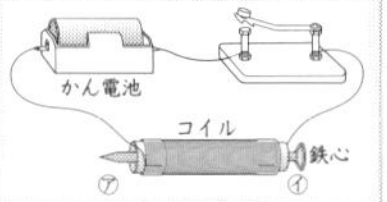

〈結果〉

① 電磁石に電流を流したとき、方位磁針の針は下の右図の向きになった。

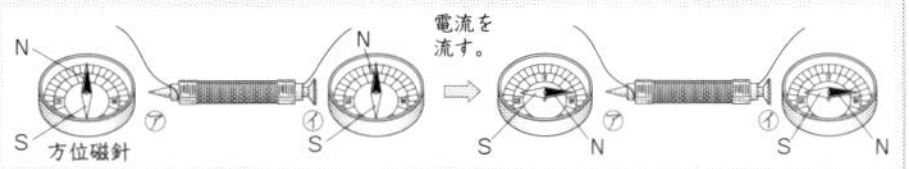

② 電流の向きを逆にすると、方位磁針の針の向きが①の右図とは逆になった。

〈考え・まとめ〉

① 電磁石には、ぼう磁石のように、N極とS極がある。

② コイルに流れる電流の向きが逆になると、電磁石のN極とS極が入れかわる。

(1) 電磁石にN極、S極があるか調べるために、何の向きを見て確認《かくにん》しましたか。
（ 方位磁針の針（の向き） ）

(2) 結果①の右図の㋐と㋑の極を答えましょう。
㋐（ S極 ）　㋑（ N極 ）

(3) 結果②で、㋐、㋑はそれぞれ何極になりましたか。
㋐（ N極 ）　㋑（ S極 ）

考え方 ❶ (2)方位磁針の針は磁石なので、針のN《エヌ》極が向いている㋐はS《エス》極、針のS極が向いている㋑はN極です。

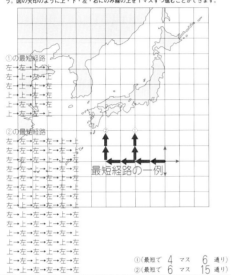

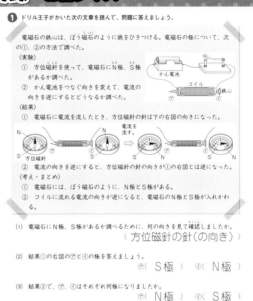

1 雲の観察のしかた (p. 3)

1 次の文の( )にあてはまる言葉をかきましょう。

空全体の広さを10として、雲がおおっている空の広さが0～8のときを(晴れ)、9～10のときを(くもり)とする。

2 空全体をさつえいした下の写真を見て、□にあてはまる言葉を「晴れ」、「くもり」から選んでかきましょう。同じ言葉を2回使います。

①雲の量が2のときの空のようす　②雲の量が8のときの空のようす　③雲の量が9のときの空のようす

晴れ　晴れ　くもり

3 次の雲の色や形について、( )にあてはまる言葉を下の□から選んでかきましょう。

①層積雲《そうせきうん》(うね雲)　②巻積雲《けんせきうん》(いわし雲・うろこ雲)　③乱層雲《らんそううん》(雨雲)

・白っぽい色で(波打った)ような形をしている。
・白い色で小さな(雲の集まり)のように見える。
・黒っぽい色で空一面に広がっている。(雨)や雪をふらせる。

雨　雲のうず　雲の集まり　波打った　うずまいた

だいじなまとめ　「晴れ」と「くもり」のちがいは、雲の量で決められている。空全体の広さを10として、雲がおおっている空の広さが0～8のときを(晴れ)、9～10のときを(くもり)とする。

考え方 3 層積雲《そうせきうん》は、波打った形で、雨になることが多い。巻積雲《けんせきうん》がすぐに消えると晴れることが多い。乱層雲《らんそううん》は、黒っぽい色をしている。

2 雲のようすと天気の変化 (p. 4)

1 雲のようすと天気の変化を観察しました。( )にあてはまる言葉を下の□から選んでかきましょう。

午前9時 (晴れ) 雲の量…4
・色や形…白くて小さな雲がたくさん集まっていた。
・動き…ゆっくりと(西)から東へ動いていた。

正 午 (くもり) 雲の量…9
・色や形…黒っぽい、もこもことした雲が、空に広がっていた。
・動き…午前9時のときよりもゆっくりと、南西から北東へ動いていた。

午後3時 雨 雲の量…10

くもり　晴れ　南　北　西　東

2 次の□にあてはまる言葉を、□から選んで答えましょう。同じ言葉を2回使います。

(1) 雲のようすと天気の変化の観察結果を記録するには、
①天気や雲の□、雲の□や形を記録する。
②雲の動く□□や速さなどを記録する。
(2) 雲が動く方位は、右の図のような□方位を使って表す。
(3) 校舎などを目安にして観察すると、雲の動く□□がわかりやすい。
(4) 「晴れ」と「くもり」のちがいは、□□□で決められている。

(1)① 量・色
② 方位
(2) 8
(3) 方位
(4) 雲の量

方位　8　色　雲の量　量

だいじなまとめ　雲には、色や(形)のちがうさまざまなものがある。天気の変化は、雲の量や動きなどと関係が{ある・ない}。

考え方 1 雲には、色や形のちがう、いろいろなものがある。雲はおよそ西から東のほうへゆっくりと動いていく。黒っぽい雲の量が増《ふ》えると、くもりや雨になることが多い。

3 天気の変化 (p. 5)

1 下の写真は、人工衛星《えいせい》による雲画像《がぞう》とアメダスによる雨の情報《じょうほう》です。( )にあてはまる言葉を下の□から選んでかきましょう。同じ言葉を2回使ってもよいです。

①9月21日　午後3時　②9月22日　午後3時　③9月23日　午後3時

雲画像

雨の情報

(1) 雲は(西から東)の方向に動いている。
(2) 雨の情報は、(アメダス)という気象観測《きしょうかんそく》システムで観測されている。
(3) 雨の地いきは、(西から東)の方向に動いている。

東から西　西から東　百葉箱　アメダス

2 次の問いに答えましょう。また、□にあてはまる言葉を答えましょう。

(1) 右の画像の白い部分は、何を表していますか。
(2) この後白い部分は、およそ西から□へ動く。

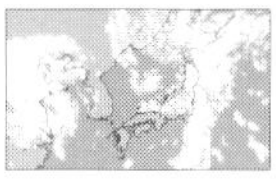

人工衛星から見たものだよ。

(1) 雲
(2) 東

だいじなまとめ　日本付近では、雲がおよそ(西から東)へ動いていくので、天気も、およそ(西から東)へ変化していくことがわかる。

考え方 1 (1)(3)雲が動いていくにしたがって、雨のふっているところも変わっていく。

4 まとめのテスト1 (p. 6)

1 下の図を見て、次の問いに答えましょう。

9月22日　9月23日　9月24日

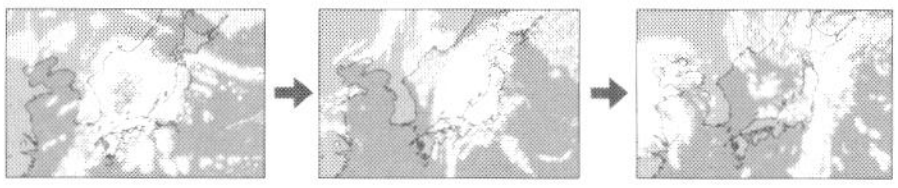

(1) 雲がかかっている地いきでは、どのような天気が考えられますか。次の中から最もあてはまるものに○をつけましょう。
①( )晴れ　②( )快晴《かいせい》　③(○)くもりか雨
(2) 雲は、およそどの方位からどの方位へ動いていますか。東、西、南、北から選んでかきましょう。
(西)から(東)へ
(3) 天気は、およそどの方位からどの方位へ変化していますか。東、西、南、北から選んでかきましょう。
(西)から(東)へ

2 図を見て、次の問いに答えましょう。

仙台の天気は、次のどれだと考えられますか。正しいものに○をつけましょう。
①( )晴れ　②( )くもり　③(○)雨

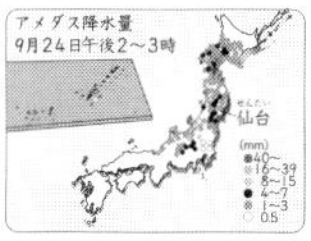

3 天気について、次の文の( )にあてはまる言葉をかきましょう。

日本付近では、雲がおよそ(西)から(東)へ動いていくので、天気もおよそ(西)から(東)へ変化していくことが多い。

例えば、九州や関西がくもりで関東が晴れのとき、次の日に関東では、(くもり)になると予想できる。

考え方 1 (1)雲がかかっている場合、くもりか雨になることがある。

右上につづく

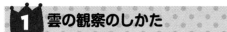

5 まとめのテスト2 (p.7)

1 下の図を見て、次の問いに答えましょう。

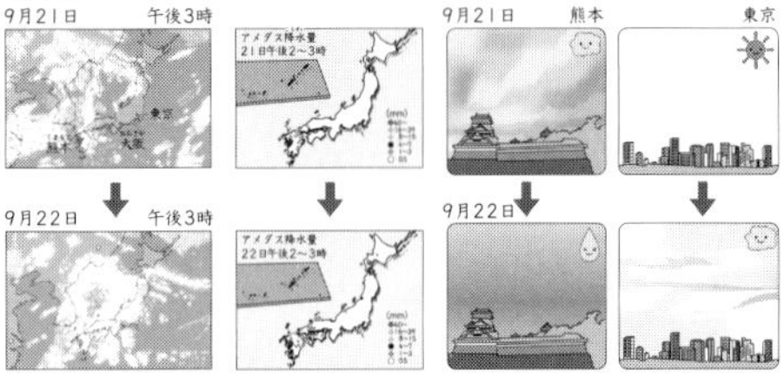

人工衛星《じんこうえいせい》による雲画像《うんがぞう》
アメダスによる雨の情報《じょうほう》
雲のようす
9月21日 午後3時
9月21日 熊本
東京
9月22日 午後3時
9月22日

(1) 9月21日と22日の午後3時の大阪の天気は、それぞれ「晴れ」、「くもり」ではどちらだと考えられますか。

① 9月21日……(晴れ) ② 9月22日……(くもり)

(2) 9月23日の東京の天気は、何だと予想されますか。

(雨 かくもり)

(3) (2)のように予想した理由をかきましょう。

(前日の9月22日に西のほうに雲があるので、雨かくもりになる。)

2 次の文はいろいろな雲についてのものです。下の写真からあてはまるものを選んで記号で答えましょう。

(1) 白っぽい色で波打ったような形をしている。 (①)
(2) 黒っぽい色で空一面に広がっている。 (③)
(3) 白い色で小さな雲がたくさん集まったような形をしている。 (②)

① 層積雲《そうせきうん》(うね雲) ② 巻積雲《けんせきうん》(いわし雲・うろこ雲) ③ 乱層雲《らんそううん》(雨雲)

考え方 **1** 天気は西から東へと変わる。**2** それぞれの雲に、名前と特ちょうがある。

6 種子の発芽《はつが》する条件《じょうけん》 (p.8)

1 インゲンマメの種子が発芽する条件を調べます。(1)～(3)の条件を調べる実験方法を下の㋐～㋒の図から選び、( )に記号をかきましょう。

(1) 空気(㋑) (2) 水(㋐) (3) 温度(㋒)

㋐ 種子は空気にふれる。
水
だっし綿
水をあたえない。
㋑ 種子は空気にふれる。
水
だっし綿
水
水をたっぷりあたえる。
㋒ 種子は空気にふれる。
水
だっし綿 水
冷ぞう庫の中に入れる。

2 インゲンマメの発芽に必要な条件を調べる実験をしました。次の問いであてはまるほうの( )に○をつけましょう。

(1) ㋐には水をあたえ、㋑には水をあたえません。㋐、㋑とも空気にふれるようにし、あたたかいところに置きます。発芽するのはどちらですか。

(2) ㋒は種子が空気にふれて、㋓は種子が空気にふれません。㋒、㋓とも水をあたえ、あたたかいところに置きます。発芽するのはどちらですか。

(3) ㋔はあたたかいところに、㋕は冷ぞう庫に置きます。㋔、㋕とも水をあたえて暗くし、空気にふれるようにします。発芽するのはどちらですか。

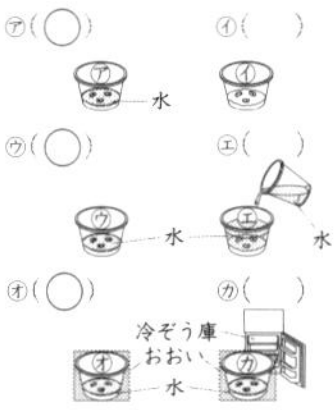

㋐(○)
㋑( )
水
㋒(○)
㋓( )
水
水
㋔(○)
㋕( )
冷ぞう庫
おおい
水

下の( )にあてはまる言葉をかこう。※だいじなまとめにも点数があるよ。

なぞって覚えよう！

だいじなまとめ 種子が発芽するためには、(水)・空気・適当《てきとう》な(温度)が必要である。

考え方 **1** 同じ条件にしていないものが調べているものである。**2** (2)㋒にも㋓にも水はあるが、㋓は水が多すぎて種子が空気にふれていない。

7 種子のつくりと養分 (p.9)

1 インゲンマメの種子の発芽と養分を調べる実験について、次の問いに答えましょう。

(1) 下の図の□にあてはまる言葉を下の□から選んでかきましょう。

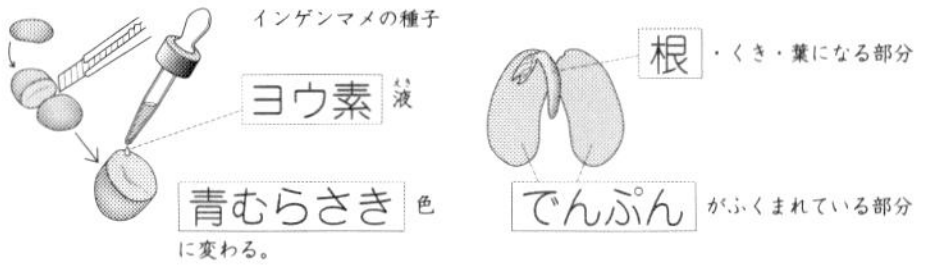

インゲンマメの種子
ヨウ素液
青むらさき 色に変わる。
根・くき・葉になる部分
でんぷん がふくまれている部分

ヨウ素	でんぷん	青むらさき	黄緑	根

(2) 下の図の□にあてはまる言葉をかきましょう。また、㋐～㋒の部分を横に切り、ヨウ素液をつけたとき、最もこい色になるのはどれですか。( )に○をつけましょう。

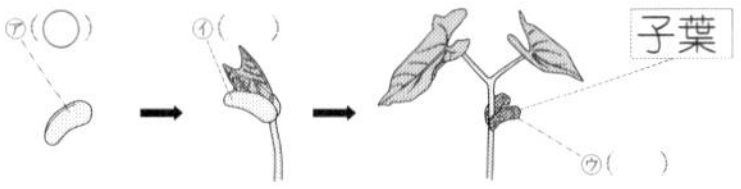

㋐(○)
㋑( )
子葉
㋒( )

2 次の問いに答えましょう。また、□にあてはまる言葉を答えましょう。

(1) でんぷんがふくまれているかどうかを調べるには、何という液を使いますか。

(2) 種子の中のでんぷんは、発芽や成長のための□□として使われる。

(1) ヨウ素液
(2) 養分

{ }の中の正しい言葉を選んで、○で囲もう。

だいじなまとめ 種子の中にふくまれているでんぷんが、発芽して根・くき・葉が育つにつれて{少なく・多く}なるのは、発芽や成長のための(養分)として使われたからである。

考え方 **1** (1)種子の中には、発芽《はつが》のときに必要なでんぷん(養分)がふくまれている。(2)発芽して根・くき・葉が育つにつれて、でんぷんは使われて少なくなる。

8 日光や肥料《ひりょう》と植物の成長 (p.10)

1 下のインゲンマメの図を見て、( )にあてはまる言葉を下の□から選んでかきましょう。同じ言葉を2回使ってもよいです。

㋐日光に当てる
㋑日光に当てない
㋒肥料あり
㋓肥料なし

・㋐、㋑は、どちらも発芽に必要な条件(水・適当な温度・空気)で育て、肥料をあたえた。
・㋒、㋓は、どちらも発芽に必要な条件(水・適当な温度・空気)で育て、日光を当てた。
・植物に(日光)を当てると、葉の(色)がこい緑色で、よく成長する。
・水のほかに(肥料)をあたえると、(肥料)をあたえないものよりよく成長する。

肥料	日光	水	色

2 インゲンマメについて次の( )にあてはまる言葉を下の□から選んでかきましょう。

(1) 日光を当てると、葉の色がこい(緑色)になる。
(2) 肥料をあたえると、葉の数が(多く)なる。

発芽	緑色	黒
多く	少なく	

日光や肥料は植物の成長に関係しているね。

だいじなまとめ 植物は、(日光)を当てるとよく成長する。また、(肥料)をあたえると、よく成長する。

考え方 **1** 成長のようすを見るところは決めておくこと(草たけ、葉の数など)。また、調べる条件は1つだけ変えて、それ以外の条件は同じにすることが大切。

右上につづく

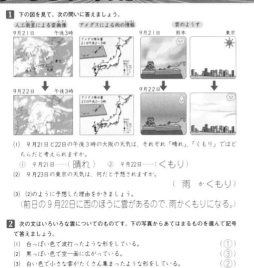

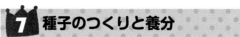

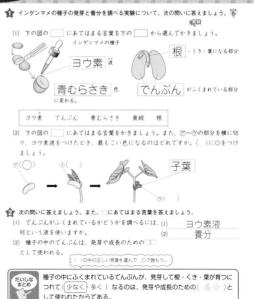

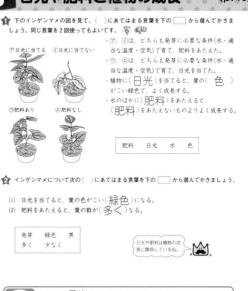

9 まとめのテスト1 (p.11)

1 下の図のような、インゲンマメの種子を3個《こ》入れた試験管をあたたかい部屋《へや》の中に置きました。この実験について、次の問いに答えましょう。

(1) 植物の種子が芽を出すことを何といいますか。
(発芽)

(2) 芽が出る種子は、㋐～㋒のどれですか。記号で答えましょう。
(㋑)

(3) この実験から、種子が芽を出すためには何が必要だとわかりますか。必要な条件《じょうけん》を下の □ から2つ選んでかきましょう。

空気　光　水

(水)(空気)

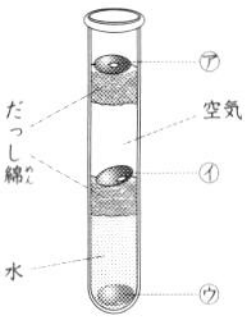

㋐
だっし綿《めん》
空気
㋑
水
㋒

2 下の図は、インゲンマメの種子をたてに2つに切ったものと、発芽《はつが》してしばらくたった後のもののようすです。次の問いに答えましょう。

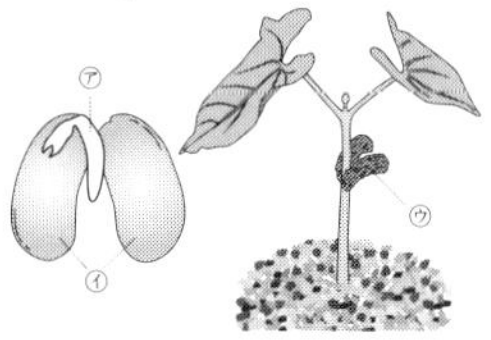

㋐
㋑
㋒

(1) ㋐と㋑にヨウ素液《そえき》をつけました。色が変わるのはどちらですか。
(㋑)

(2) (1)の部分の色が変わることから、何という養分がふくまれているとわかりますか。(でんぷん)

(3) ㋒を切って、切り口にヨウ素液をつけました。発芽前の種子の切り口につけたときと比《くら》べて、色のこさはどうなりますか。正しいものに○をつけましょう。
①(　)こくなる。　②(　)同じこさである。　③(○)うすくなる。

(4) (3)から考えて、種子にふくまれていた養分は、どうなったといえますか。(　)の中にあてはまる言葉をかいてまとめましょう。
種子の中のでんぷんが、(少なくなった)。(発芽に使われた)

考え方 **1** ㋐の種子には水があたえられてなく、㋒の種子には空気がふれていない。**2** 養分は㋑の部分にあり、ヨウ素液《そえき》で色が変わるのででんぷんである。

10 まとめのテスト2 (p.12)

1 同じくらいに成長した、3本のインゲンマメのなえを、肥料《ひりょう》をふくまない土に植え、㋐～㋒のようにして、日当たりのよいところで育てました。次の問いに答えましょう。

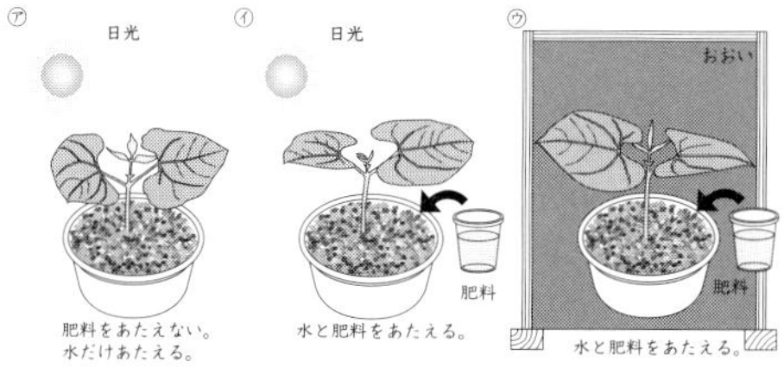

㋐
日光
肥料をあたえない。
水だけあたえる。
㋑
日光
肥料
水と肥料をあたえる。
㋒
おおい
肥料
水と肥料をあたえる。

(1) 次の①～③の文は、2週間後のなえの、それぞれの育ちのようすについてかいたものです。㋐～㋒のどれについてかいたものか、記号で答えましょう。
①(㋐)葉は緑色をしているが、数は少ない。草たけは低いので、全体的に小さく見える。
②(㋒)葉は黄色っぽくて小さく、数も少ない。くきは細く、ひょろひょろしていて、全体的に弱々しい。
③(㋑)葉は緑色で大きく、数も多い。くきは太く、しっかりしていて、全体的にじょうぶそうである。

(2) この実験の結果をまとめました。次の(　)の中にあてはまる言葉をかきましょう。
植物は日光をよく当て、(肥料)をあたえるとよく成長する。

2 植物の発芽《はつが》や成長の条件《じょうけん》を調べるとき、調べる条件だけを変えて、それ以外の条件を同じにしなければいけないのはなぜですか。次の{　}の中から正しい言葉を選び、○で囲みましょう。

2つ以上の条件を {(同時)・順番・こうご} に変えると、どの条件が必要かわからなくなるから。

考え方 **1** ㋐は肥料《ひりょう》をあたえない、㋒は日光を当てないという条件《じょうけん》になる。㋑のように、日光に当てて水と肥料をあたえると、植物が大きくじょうぶに育っていく。

11 メダカのおすとめす (p.13)

1 メダカのおすとめすについて、次の問いに答えましょう。

(1) 下の図の □ にあてはまる言葉を、下の □ から選んで記号をかきましょう。

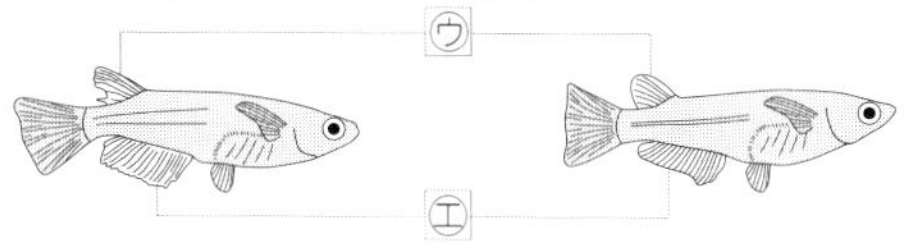

㋒
㋓

㋐はらびれ　㋑おびれ
㋒せびれ　㋓しりびれ

(2) メダカのおすとめすの見分け方についてかいた次の文を読み、下の図のメダカのおすとめすを記号で答えましょう。
・めすは、せびれに切れこみがない。しりびれの後ろが短い。
・おすは、せびれに切れこみがある。しりびれの後ろが長い(しりびれが平行四辺形)。

おす(㋑)
めす(㋐)

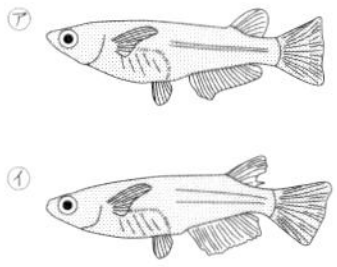

㋐
㋑

せびれ、しりびれをよく見てみよう。

だいじなまとめ
メダカのおすとめすは、(せびれ)やしりびれの形で見分けることが {(できる)・できない}。

考え方 **1** おすは、しりびれの後ろが長い(しりびれが平行四辺形)。めすは、せびれに切れこみがなく、しりびれの後ろが短い。

12 メダカの飼《か》い方 (p.14)

1 下の図を見て、(　)にあてはまる言葉を、下の □ から選んでかきましょう。

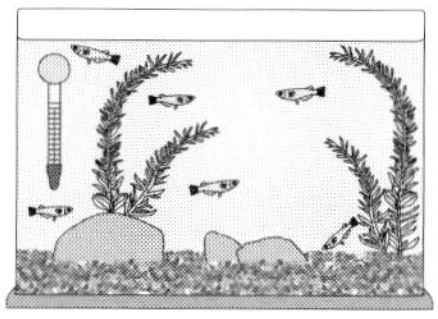

・水そうは、(日光)が直接《ちょくせつ》当たらない明るいところに置く。
・(水)は、よごれたら、$\frac{1}{2}$～$\frac{1}{3}$ をくみ置きの水と入れかえる。
・えさは、食べ残さないぐらいの量を、毎日1～2回あたえる。
・(たまご)を産むようにするためには、おすとめすを同じ水そうで飼う。

たまご　日光　水

2 メダカの飼い方について、次の問いに答えましょう。また、□にあてはまる言葉を答えましょう。

(1) 水そうは、日光が直接当たらない、どのようなところに置くとよいですか。「明るいところ」、「暗いところ」から選びましょう。
(2) えさは、食べ残□□□量を、毎日1～2回あたえるとよい。
(3) たまごを産むようにするためには、おすとめすを同じ水そうで飼う必要がありますか。

(1) 明るいところ
(2) さない
(3) ある

水そうには小石やすな、水草を入れよう。

だいじなまとめ
水そうは、日光が直接 {当たる・(当たらない)} 明るいところに置く。

考え方 **1** **2** 水がよごれすぎないように、$\frac{1}{2}$～$\frac{1}{3}$をくみ置きの水と入れかえること。えさをあたえすぎると、水そうの中をよごしてしまうことがある。

右上につづく

13 メダカの受精《じゅせい》 (p.15)

1 メダカの産卵《さんらん》のようすの図を見て、(　)にあてはまる言葉を、下の□から選んでかきましょう。

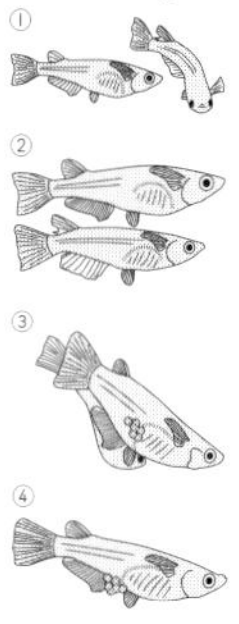

①
②
③
④

①おすが、めすの前で輪をえがくように泳いだり、めすを追いかけたりする。

②めすとおすが、(ならんで)泳ぐようになる。

③めすとおすが体をすり合わせ、めすはたまごを産み、おすは(精子)を出す。

④産卵のすぐ後、めすのはらにたまごがつく。

・たまごと精子《せいし》が結びつくことを(受精)といい、受精したたまごを(受精卵)という。

ならんで	ばらばらに	精子	受精	受精卵《じゅせいらん》

2 次の問いに答えましょう。また、□にあてはまる言葉を答えましょう。

(1) めすが産んだたまごが、おすが出す□□と結びついて、たまごは育ち始める。

(2) たまごと精子が結びつくことを何といいますか。

(1) 精子
(2) 受精

だいじなまとめ　めすが産んだたまごが、おすが出す(精子)と結びつくことを(受精)といい、受精したたまごを(受精卵)という。

考え方 **1** ③の図のように、体をすり合わせてめすはたまごを産み、おすは精子を出す。

14 メダカのたまごの育ち (p.16)

1 下の図を見て、メダカの育っていくようすについて、□にあてはまる言葉を、下の□から選んでかきましょう。

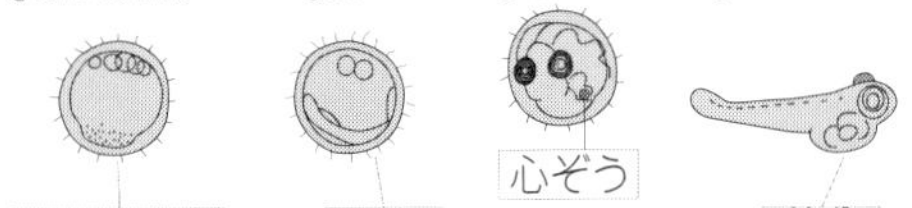

① 受精《じゅせい》して数時間後
② 2日め
③ 10～11日め
④ 13～14日め
心ぞう

① (ふくらんだ)部分ができている。
② 体の(形)がわかるようになる。
③ ときどき動くようになる。
④ はらに(養分)の入ったふくろがある。

ふくらんだ	動き	形
心ぞう	ほね	養分

だんだんメダカらしくなるね。

2 メダカのたんじょうについて、(　)にあてはまる言葉を、下の□から選んで記号をかきましょう。

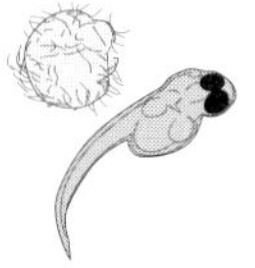

メダカのたまごは、受精してから、体の形がわかるようになる、(ウ)が目立つようになる、(イ)が流れているのが見えるようになるなど、ようすがだんだんと(エ)して、メダカらしくなり、受精して約2週間で子メダカが(ア)する。

㋐たんじょう	㋑血液《けつえき》
㋒目	㋓変化

だいじなまとめ　メダカは、たまごの中でようすが{ 変化せず・変化して }、受精して約2週間で子メダカがたんじょうする。（答え：変化して）

考え方 **1** 受精《じゅせい》してからたまごの中のようすは変化していき、メダカの体の形がわかるようになったり心ぞうが動いて血液《けつえき》が流れているのが見えたりする。

15 まとめのテスト (p.17)

1 下の図は、メダカのおすとめすです。次の問いに答えましょう。

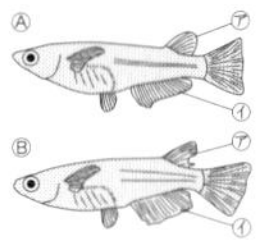

Ⓐ
㋐
㋑
Ⓑ
㋐
㋑

(1) たまごを産むメダカは、ⒶとⒷのどちらですか。記号で答えましょう。 (Ⓐ)

(2) 精子《せいし》を出すメダカは、ⒶとⒷのどちらですか。記号で答えましょう。 (Ⓑ)

(3) ㋐、㋑のひれの名前をかきましょう。
㋐(せびれ)
㋑(しりびれ)

(4) 次の文の(　)にあてはまる言葉をかきましょう。
(めす)が産んだたまごと、(おす)が出す精子が結びつくことを、(受精)といい、この結びつきでできたたまごを(受精卵)という。

2 次の文を読み、下の図の(　)にあてはまるものを、下の㋐～㋓から選んで記号をかきましょう。

メダカの受精卵《じゅせいらん》が育って、やがて子メダカがたんじょうする。この子メダカが大きくなって親になり、たまごを産むことで、生命が受けつがれていく。

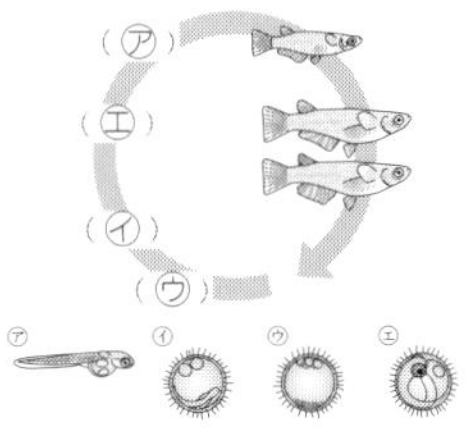

(ア)
(エ)
(イ)
(ウ)
㋐
㋑
㋒
㋓

考え方 **1** せびれとしりびれの形のちがいで、おすとめすの見分けがつく。**2** たまご→たんじょう→子メダカ→大きくなる→たまごを産む、という流れをくり返す。

16 花のつくり (p.18)

1 ヘチマの花のつくりについて、下の図の□にあてはまる言葉を、下の□から選んでかきましょう。

・めばな
・おばな
めしべ
花びら
がく
おしべ

めしべ	くき	がく
花びら	根	おしべ

ヘチマにはめばなとおばながあるよ。

2 下の2つの図の□にあてはまる言葉を、「おしべ」、「めしべ」から選んでかきましょう。同じ言葉を2回使ってもよいです。

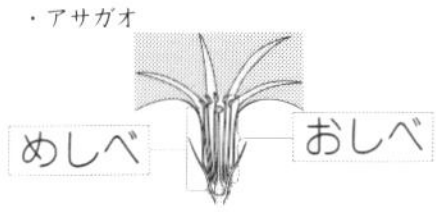

・アサガオ
めしべ
おしべ

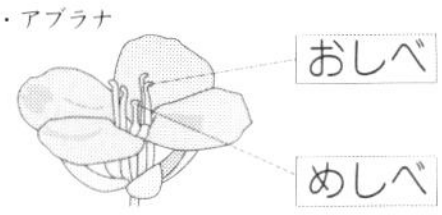

・アブラナ
おしべ
めしべ

3 次の植物の中で、めばなとおばながさく植物はどれですか。正しいもの2つに○をつけましょう。

①(　)アサガオ　②(○)ヘチマ
③(○)オモチャカボチャ　④(　)アブラナ

だいじなまとめ　ヘチマは、めばなと(おばな)がある。めばなにはめしべが、おばなには(おしべ)がある。

考え方 **1** めばな、おばなを正しく区別しよう。花びらの下に、実になる部分のあるものが、めばなである。**2** アサガオもアブラナも、1つの花にめしべとおしべがある。

右上につづく

17 花粉《かふん》 (p.19)

1 ヘチマのめしべとおしべの先を虫眼鏡《めがね》で観察しました。次の(　)にあてはまる言葉を、下の［　］から選んでかきましょう。

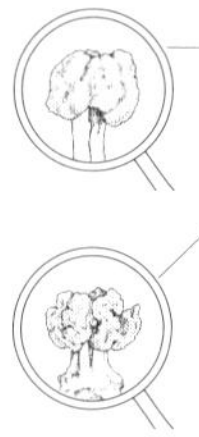

・めしべの先は、手ざわりが(べとべと)していた。

・さいている花のめしべには黄色い(花粉)がついていたが、つぼみの中のめしべにはついていなかった。

・おしべの先は、黄色い花粉がたくさんついていて、手ざわりが(さらさら)していた。

べとべと　さらさら　花粉

2 けんび鏡について、［　］にあてはまる言葉を下の［　］から選んでかきましょう。

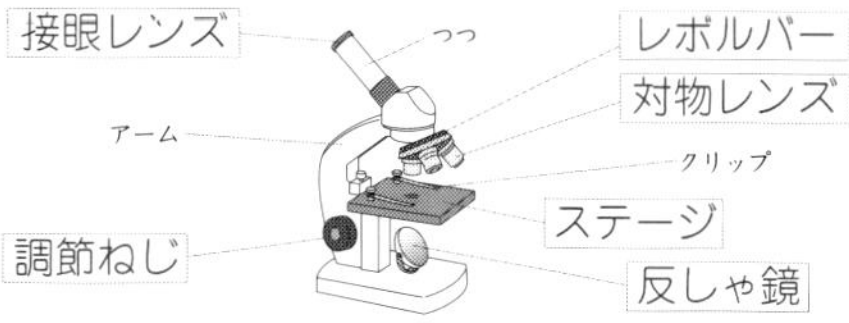

接眼レンズ
つつ
レボルバー
対物レンズ
アーム
クリップ
ステージ
調節ねじ
反しゃ鏡

反しゃ鏡　調節ねじ　ステージ　接眼《せつがん》レンズ　対物レンズ　レボルバー

だいじなまとめ　おしべの先についている粉を(花粉)という。

考え方 1 めしべとおしべの手ざわりは、めしべはべとべとしていて、おしべはさらさらしている。おしべの先には花粉がついている。

18 受粉《じゅふん》 (p.20)

1 下の図のように、実ができるためには受粉が必要かを、ヘチマを使って調べました。次の問いに答えましょう。

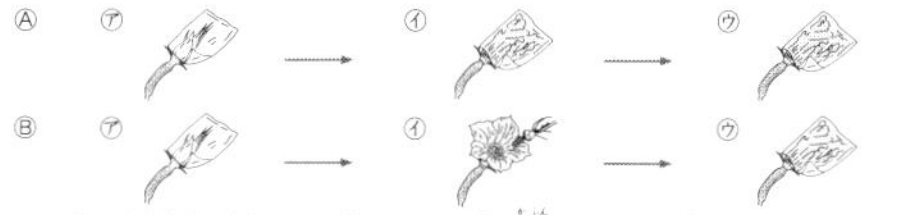

Ⓐ ㋐ ㋑ ㋒
Ⓑ ㋐ ㋑ ㋒

つぼみにふくろをかぶせる。　花がさいたら、Ⓑに花粉《かふん》をつける。　Ⓑにまたふくろをかける。

(1) ㋐のところでふくろをかぶせたのは、おばなですか。めばなですか。　(めばな)

(2) Ⓑの㋑のように花粉がつくことを何といいますか。　(受粉)

(3) このあと、ⒶとⒷのそれぞれの花に実はできますか。　Ⓐ(できない)　Ⓑ(できる)

2 受粉について、(　)にあてはまる言葉を下の［　］から選んでかきましょう。

受粉すると、めしべのふくらんだ部分が育って(実)になり、その中に(種子)ができる。

実　花　種子　ふくろ

3 次の□にあてはまる言葉を答えましょう。

(1) 花粉がめしべの先につくことを□□という。　(1) 受粉

(2) めばながさいても、受粉しないと、□ができない。　(2) 実(種)

だいじなまとめ　植物は、受粉するとめしべのもとの｛ふくらんだ・しぼんだ｝部分が育って(実)になり、その中に(種子)ができる。

考え方 2 受粉しためばなは、めしべのふくらんだ部分が大きく育っていく。やがて、その部分が実になり、中に種子ができる。

19 まとめのテスト1 (p.21)

1 花のつくりについて、次の問いに答えましょう。

(1) 右の図の①、②は、オモチャカボチャの花です。めばな、おばなはどちらですか。

①(めばな)　②(おばな)

(2) 図の㋐、㋑が、めしべかおしべかを答えましょう。

㋐(めしべ)　㋑(おしべ)

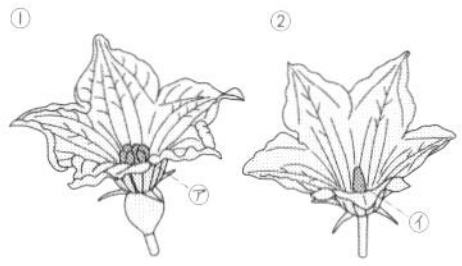

①
②
㋐
㋑

2 下の図は、ヘチマのめしべとおしべの先のようすです。次の問いに答えましょう。

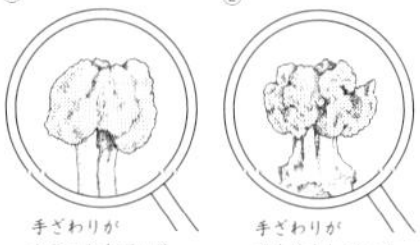

①
②

① 手ざわりがべとべとしている。　② 手ざわりがさらさらしている。

(1) 図の①、②が、めしべかおしべかを答えましょう。

①(めしべ)　②(おしべ)

(2) 花がさき終わった後、実ができるのは、①、②のどちらですか。　(①)

(3) 次の文の(　)にあてはまる言葉を、下の［　］から選んでかきましょう。

②の先には、粉のようなものがついており、これを(花粉)という。①の先はべとべとしており、こん虫が運んできた②の粉がつく。これを(受粉)という。

受粉《じゅふん》　受精《じゅせい》　花粉《かふん》

3 けんび鏡の使い方について、次の文の(　)にあてはまる言葉をかきましょう。

見るものを高い倍率で観察したいとき、まずいちばん(低い)倍率で、見るものが真ん中になるようにしておく。次に、レボルバーを回して(高い)倍率の対物レンズにかえる。はっきり見えなければ、調節ねじを少しずつ回して、ピントを合わせる。

考え方 1 ①のめばなの下には、実になる部分がある。

20 まとめのテスト2 (p.22)

1 明日《あす》さきそうなヘチマのめばなのつぼみⒶ、Ⓑを選び、夕方にふくろをかぶせました。Ⓐはそのままで、Ⓑは次の朝、おしべをめしべに当てて受粉《じゅふん》させ、またふくろをかぶせました。実ができるために受粉が必要か調べた、この実験について、次の問いに答えましょう。

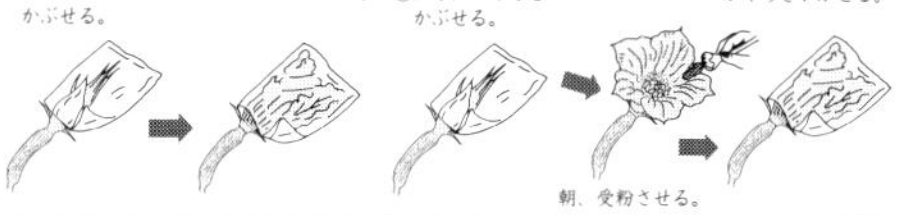

Ⓐ夕方、ふくろをかぶせる。
そのままにしておく。
Ⓑ夕方、ふくろをかぶせる。
ふくろをかぶせる。
朝、受粉させる。

(1) ふくろをかぶせるのはなぜですか。次の①～④から選びましょう。　(②)

① 花が雨にぬれないようにするため。

② こん虫が花粉《かふん》を運んでこないようにするため。

③ 風で花が散らないようにするため。

④ 花の周りの温度を高くするため。

(2) この実験で、実ができたのはⒶ、Ⓑのどちらですか。　(Ⓑ)

(3) この実験の結果を示《しめ》す文として、正しいものには○、まちがっているものには×をかきましょう。

①(○)花がさいて受粉すると、実ができ、種子ができる。

②(×)花がさいて受粉しなくても、実ができ、種子ができる。

2 けんび鏡の使い方について、正しいものには○、まちがっているものには×をかきましょう。

①(○)目をいためるので日光が直接《ちょくせつ》当たるところでは、使わない。

②(×)接眼《せつがん》レンズをのぞきながら対物レンズと観察するものを近づける。

③(○)対物レンズは低い倍率《ばいりつ》のものから使う。

④(○)けんび鏡の倍率は、「接眼レンズの倍率×対物レンズの倍率」である。

考え方 1 ヘチマのめばなにふくろをかぶせるのは、こん虫が運んだ花粉で受粉《じゅふん》させないためである。受粉しなかっためばなには実ができない。Ⓑはふくろを外して受粉させている。

右上につづく

21 台風《たいふう》 (p.23)

1 下の図は、上空から見た日本付近の雲のようすです。台風のときの雲を表す図はどれですか。正しい図の(　)に○をつけましょう。

①(◯)

②(　)

③(　)
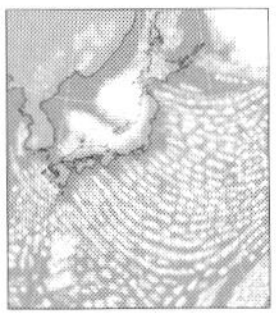

2 下の図は、台風のようすを表したものです。(　)にあてはまる言葉を下の□から選んでかきましょう。

(1) ㋐は、台風の(中心)である。
(2) ㋑は、風速15m(秒速)以上のはんいで、(台風の大きさ)を表す。
(3) ㋒は、台風の中心が動いてくると考えられるはんいで(予報円)という。

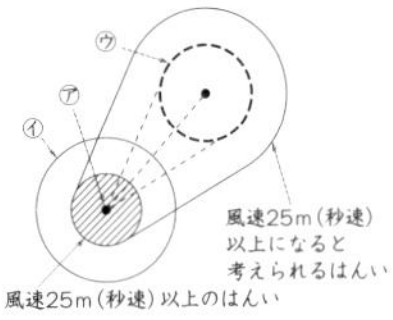

㋒
㋐
㋑
風速25m(秒速)以上になると考えられるはんい
風速25m(秒速)以上のはんい

台風の大きさ	中心	予報円《よほう》

3 次の(　)にあてはまる言葉を答えましょう。
台風が近づくと、強い(風)がふいたり、短い時間に大(雨)がふったりして、災害《さいがい》が起こることがある。

だいじなまとめ (台風)が近づくと、強い風がふいたり短い時間に大雨がふったりして、{ 災害 ・ 地震 } が起こることがある。

考え方 2 ㋒は台風の中心が動いてくると考えられるはんい。

22 台風《たいふう》の動きと天気の変化 (p.24)

1 次の□にあてはまる言葉を下の□から選んで答えましょう。
(1) 台風が近づいたところでは、①□□風がふいたり、短時間に②□□がふったりする。 (1)① 強い ② 大雨
(2) 台風は、日本のはるか□で発生し、北へ向かって進むことが多い。 (2) 南

大雨	強い	南	西

2 下の図は、台風の予想進路図を示《しめ》したものです。次の問いに答えましょう。

台風18号予想進路
25日午前0時の予報円《よほう》
風速25m(秒速)以上になると考えられるはんい
24日正午の予報円
大阪
鹿児島
24日午前0時現在《げんざい》
風速25m(秒速)以上
風速15m(秒速)以上

(1) 次の時こくの鹿児島の天気を予想して、(　)にあてはまる言葉を下の□から選んでかきましょう。
24日午前0時……(雨)

晴れ	雨	雪

(2) 左の図から、次の①～③のうち大阪付近で最も風が強くなる時こくを予想して、(　)に○をつけましょう。
① (　)24日午前0時
② (◯)24日正午
③ (　)25日午前0時

だいじなまとめ (台風)は、日本のはるか(南)の海上で発生し、北へ向かって進むことが多い。

考え方 2 台風が近づくと、風や雨が強くなる。台風の通過《つうか》後は天気がよくなることが多い。

23 台風《たいふう》のひ害《がい》 (p.25)

1 下の写真は、台風による災害《さいがい》のようすです。(　)にあてはまる言葉を、「強い風」、「大雨」から選んでかきましょう。同じ言葉を2回使います。

・(大雨)で水につかった町

・(強い風)でたおれたリンゴの木

・(大雨)でくずれた道路

2 下の写真を見て、台風と災害について、(　)にあてはまる言葉を下の□から選んでかきましょう。

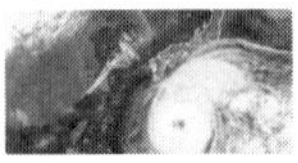

(1) 台風は、日本のはるか(南)の海上で発生し、北のほうへ動いてくることが多い。
(2) 台風が近づくと、強い風や(大雨)による災害が起こることがある。

西	南	大雨	日照《ひで》り

3 □にあてはまる言葉を答えましょう。
(1) 天気は、台風の動きにつれて□□□□いく。 (1) 変わって(変化して)
(2) 台風による災害は、強い□がふいたり、短い時間に大雨がふったりして起こることが多い。 (2) 風

だいじなまとめ 台風が近づくと、{ 強い風 ・ 日照り } や { 大雪 ・ 大雨 } により(災害)が起こることがある。

考え方 2 台風は、日本のはるか南の海上で発生する。3 台風による災害《さいがい》は、強い風や大雨で起こることが多い。

24 まとめのテスト1 (p.26)

1 下の台風《たいふう》レポートは、ある大阪の小学生がまとめたものです。このレポートについて、次の問いに答えましょう。

台風レポート

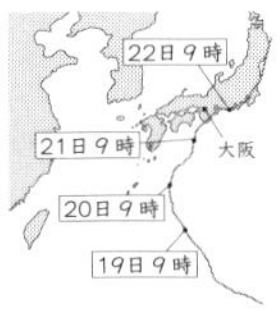

22日9時
21日9時
大阪
20日9時
19日9時

・19日 くもり…大型で強い台風が、南のほうから日本に近づいてきた。じゅうぶんな注意が必要だ。
・20日 くもり…台風はゆっくりと北上している。明《あ》日からあさってにかけて、関西に上陸しそうだ。
・21日 雨…進路が東にずれたので、大阪を直げきすることはなさそうだ。風は強くないが、大雨がふり続いている。
・22日 くもり…台風は関東に向かって進んでいる。大雨によるひ害が、各地で起こっている。

(1) 下の写真は、19日から22日の雲のようすです。図が日付の順になるように㋐～㋓の記号をならべましょう。

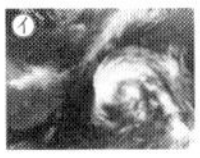

(㋒)→(㋐)→(㋑)→(㋓)

(2) 台風の中心が最も大阪に近づいたのは、何日ですか。なお台風は、19～22日まで、ほぼ同じ速さで進みました。 (21日)

2 台風について、次の問いに答えましょう。
(1) 台風が近づくと、風の強さはどうなりますか。 (強くなる。)
(2) 台風が日本に近づく季節はいつごろからいつごろですか。 (夏 から 秋)
(3) 台風の動きや天気の変化などの気象情報《きしょうじょうほう》を集めるときに利用するものとして、新聞やラジオのほかに何がありますか。2つかきましょう。
(テレビ) (コンピュータ)
他にインターネットなど

考え方 1 白い雲のうずが、19日から22日にかけて北上するようにならべる。2 台風《たいふう》の動きや天気の変化などの情報《じょうほう》は、テレビや新聞、コンピュータなどを利用して集められる。

右上につづく

25 まとめのテスト2 (p.27)

1 下の図は、台風の大きさや進路を示《しめ》したものです。□にあてはまる言葉を下の□から選んでかきましょう。

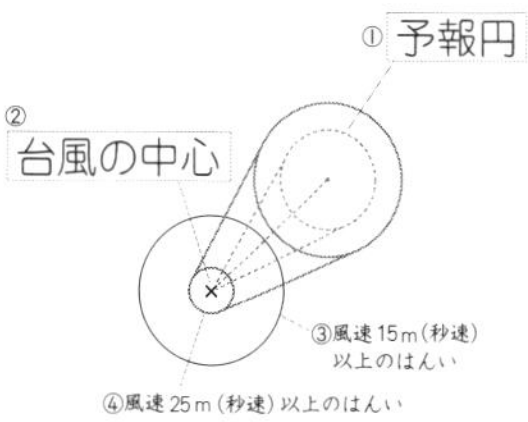

① 予報円
② 台風の中心
③風速15m(秒速)以上のはんい
④風速25m(秒速)以上のはんい

台風の中心　予報円《よほう》
震源《しんげん》　雲画像《くもがぞう》

2 台風について、次の文の( )にあてはまる言葉を下の□から選んでかきましょう。

台風は、日本のはるか(南)の海上で発生し、そのうちのいくつかが北のほうへ動いてくる。

台風による(強い風)や(大雨)などによって、日本でも(災害)が起こることがある。台風の大きなひ害を受けないために、(気象情報)をコンピュータやテレビ、(新聞)などで集めることが大切である。

西　南　強い風　災害《さいがい》　大雨　新聞　気象情報《きしょうじょうほう》　地震情報《じしん》

考え方 **2** 台風は日本のはるか南の海上で発生する。台風による強い風や大雨で災害《さいがい》が起こることがある。

26 流れる川のはたらき (p.28)

1 下の図は、川が曲がって流れているところのようすです。( )にあてはまる記号をかきましょう。

(1) 水の流れの速いところは、㋑と(㋒)です。
(2) 水の流れのおそいところは、㋐と(㋓)です。
(3) 土をけずるはたらきが大きいところは、㋑と(㋒)です。
(4) 土を積もらせるはたらきが大きいところは、㋐と(㋓)です。
(5) 川の底が深くなっているのは、(㋑)と㋒です。

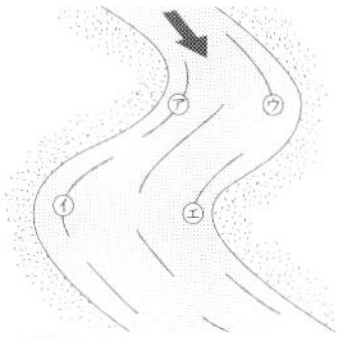

㋐
㋒
㋑
㋓

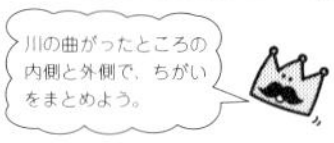

川の曲がったところの内側と外側で、ちがいをまとめよう。

2 次の問いに下の□から言葉を選んで答えましょう。

(1) 水の流れの速いところとおそいところでは、地面がけずられて土が運ばれていく量が多いのはどちらですか。
(2) 流れる水が地面をけずるはたらきを何といいますか。
(3) 土や石を運ぶはたらきを何といいますか。
(4) 流されてきた土や石を積もらせるはたらきを何といいますか。

(1) 速いところ
(2) しん食
(3) 運ぱん
(4) たい積

たい積　運ぱん　速いところ　おそいところ　しん食

だいじなまとめ 流れる水が地面を(けずる)はたらきをしん食といい、土や石などを(運ぶ)はたらきを運ぱんという。また、流されてきた土や石を積もらせるはたらきをたい積という。

考え方 **1** 川が曲がっている外側は、流れが速いので、川岸や川底がけずられる。内側は流れがおそいので、土や石が積もる。

27 上流と下流の石のちがい (p.29)

1 下の図は、川のようすを表したものです。□にあてはまる場所を、「山の中」、「平地」、「海の近く」から選んでかきましょう。

① 海の近く　② 山の中　③ 平地

2 下の①～③の地形が見られるのは、右の図の㋐～㋒のどこですか。( )に記号をかきましょう。

①(㋒)　②(㋐)　③(㋑)

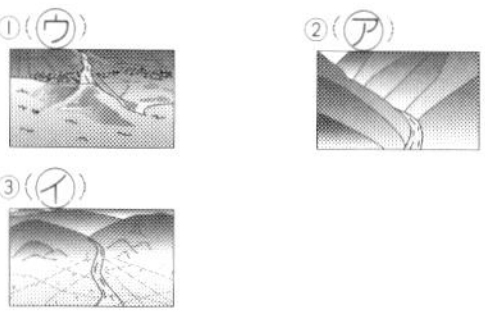

㋐
㋑
㋒
海

3 次の□にあてはまる言葉を、□から選んでかきましょう。

(1) 山の中の川では、角ばった□□□石がある。
(2) 平地で見られるのは、□□のある石である。
(3) 海の近くでは、流れがおそく、□□や小石が積もる。
(4) 土や石が積もるのは、流れが□□□ところである。

(1) 大きな
(2) 丸み
(3) すな
(4) おそい

すな　丸み　大きな　小さな　速い　おそい

だいじなまとめ 山の中、平地、海の近くでは、川のはば、水の流れの速さ、川原《かわら》の石の形や(大きさ)などが{変わらない・[変わる]}。

考え方 **2** 山の中では、川は土地をけずり、深い谷ができる。海の近くでは、川によって運ばれた土や石が積もり、広い平野ができる。**3** 流れがおそいと、すなや小石が積もる。

28 川の水の量が増《ふ》えると (p.30)

1 下の写真は、大雨の前後の川のようすを㋐、㋑、㋒の順にならべたものです。( )にあてはまる言葉を下の□から選んでかきましょう。

(1) ㋐の写真は、大雨の前のものです。川は左へやや曲がって流れています。川原《かわら》の中央に石がたくさん集まっています。
(2) ㋑の写真は、大雨で水の量が(増えた)ときのものです。ふだんの川のおよそ30倍もの水の量になっていて、川の石はほとんど見えません。
(3) ㋒の写真は、大雨の後のものです。川は石をおし流して、流れのようすが変わっています。
(4) 大雨がふると、川の水の量が多くなり、流れが(速く)なります。

増えた　減《へ》った　速く　おそく

2 次の□にあてはまる言葉を下の□から選んでかきましょう。同じ言葉を2回使ってもよいです。

(1) 長い間雨がふり続くと、川の水の量は□□□。
(2) 短い時間に大雨がふると、川の水の量は□□□。
(3) 川の水の量が増えると、しん食・運ぱん・たい積のはたらきが□□□なる。
(4) 流れる水のはたらきが大きくなると、□□がけずられたり、土地のようすが大きく変化したりする。

(1) 増える
(2) 増える
(3) 大きく
(4) 川岸

増える　大きく　小さく　川岸

だいじなまとめ 梅雨《つゆ》や台風《たいふう》などで、長い間雨がふり続いたり、短い時間に(大雨)がふったりすると、川の水の量が増え、流れが{[速く]・おそく}なる。

考え方 **1** 台風《たいふう》などで大雨がふると、川の水の量が増えて、流れが速くなり、流れる水のはたらきが大きくなる。その結果、土地のようすが大きく変化することがある。

右上につづく

29 川と災害《さいがい》 (p. 31)

❶ 下の写真は、川の水の災害を防《ふせ》ぐためのくふうです。□にあてはまる言葉を「遊水地」、「護岸《ごがん》」から選んでかきましょう。

①

護岸

②

遊水地

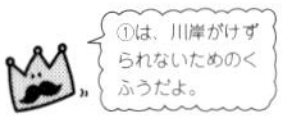
①は、川岸がけずられないためのくふうだよ。

❷ 下の写真について、( )にあてはまる言葉をかきましょう。

川の水が増えたとき、人が住む場所へ(水)があふれないように一時的に遊水地で(水)をたくわえる。

❸ 次の□にあてはまる言葉を、□から選んでかきましょう。

(1) □□は、川岸がけずられるのを防ぐ。
(2) □□ダムは、石やすなをためて、水の流れの勢《いきお》いを弱くする。
(3) □□□は、川の水が増えたとき、人が住む場所へ水があふれないように、一時的に水をたくわえている。

(1) 護岸
(2) 砂防
(3) 遊水地

砂防《さぼう》	遊水地	護岸

だいじなまとめ 大雨がふると、川の水が(増えて)流れが速くなる。流れが速くなると、水のはたらきが大きくなり、川岸が大きくけずられたり、川の水があふれたりして、(災害)を起こすことがある。

考え方 ❸(2)砂防《さぼう》ダムは、石やすなをためて、水の流れの勢《いきお》いを弱くする。

30 まとめのテスト (p. 32)

1 山の中、平地、海の近くの川のようすについて、下のような表にまとめました。表の中の( )にあてはまる言葉を下の□から選んでかきましょう。

流れる場所	流れの速さ	石やすなのようす	流れる水のはたらき
山の中	①流れが(速い)。	③大きく(角ばった)石がある。	⑥土地を(けずる)はたらきが大きい。
平　地		④川原《かわら》になって、(丸みのある)石やすなが積もっている。	
海の近く	②流れが(おそい)。	⑤運ばれた(すな)や小石が積もっている。	⑦運ばれた土などを(積もらせる)はたらきが大きい。

速い	おそい	すな	角ばった	丸みのある	けずる	積もらせる

2 川のはたらきによってできた地形について、次の問いに答えましょう。

㋐

㋑

(1) 左の写真を見て、次の文の( )にあてはまる言葉を下の□から選んでかきましょう。

㋐ 山の中では、川の流れが速く、土地をけずって深い(谷)をつくっている。

㋑ 海の近くでは、川によって運ばれた土や石が積もって広い(平野)ができている。

谷	山	平野

(2) 流れる水が土や石を積もらせるはたらきを何といいますか。 (たい積)

考え方 **1** 川の水の流れが速いほど、水が土地をけずるはたらきは大きくなる。**2** 流れる水のはたらきで、深い谷ができたり、平野ができたりする。

31 水《すい》よう液《えき》 (p. 33)

❶ 食塩をティーバッグに入れて、水の中につけ、とけるようすを調べました。次の問いの正しいほうの( )に○をつけましょう。 実験

(1) 食塩が水にとけたとき、食塩のつぶは見えますか。
( )見える。 (○)見えない。

(2) とかした液は、どうなっていますか。
( )にごっている。 (○)すき通っている。

(3) とけたものはどうなっていますか。
(○)液全体に均一《きんいつ》に広がっている。
( )一部に集まっている。

❷ 下の図の□にあてはまる言葉を、「水」、「水よう液」から選んでかきましょう。 実験

わりばし
ティーバッグ
食塩
水
はい色の文字はなぞろう。(点数はないよ。)
食塩の
水よう液

食塩が水にとけていっている。

❸ 次の( )にあてはまる言葉を下の□から選んでかきましょう。

(1) ものが水にとけた液のことを水よう液といい、液は(すき通っている)。
(2) ものを水に入れてかき混ぜ、時間がたっても、にごっていると、水にとけたとは(いえない)。
(3) 使い終わった水よう液は、(決められた)容器《ようき》に集める。

にごっている	すき通っている	決められた	いえない

だいじなまとめ 食塩を水にとかすと、とけたものが液全体に均一に(広がり)、液は { すき通って ・ にごって } いる。

考え方 ❶ 食塩は水の中にとけると見えなくなる。これはとけたものが、全体に広がり、すき通った液になるからである。❷ ものが水にとけた液を水よう液という。

32 メスシリンダーの使い方 (p. 34)

❶ メスシリンダーの目もりの見方で、正しいものはどれですか。下の図の中で正しいものを選んで( )に○をつけましょう。 実験

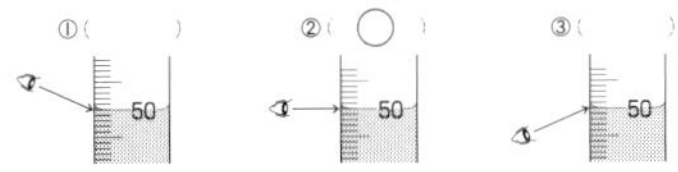
①( )
②(○)
③( )
50
50
50

❷ 下の図の□にあてはまる言葉をかきましょう。また、50mLの液《えき》のはかり方で正しいほうに○をつけましょう。 実験

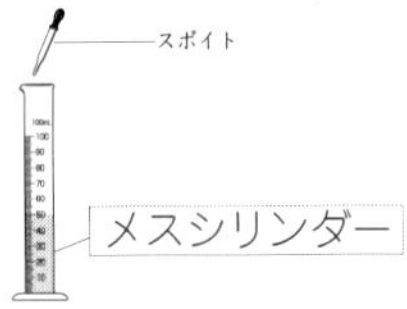
スポイト
メスシリンダー

〔50mLの液をはかる場合〕
(1) はかる器具を { 水平な ・ ななめの } ところに置く。
(2) 50の目もりの少し { 上 ・ 下 } のところまで液を入れる。
(3) 真横から50の目もりを見ながら、液面が50の高さになるように、液を { 少しずつ ・ 多めに } 入れる。

❸ 次の( )にあてはまる言葉を下の□から選んでかきましょう。

(1) 50gの水の体積は、約(50mL)である。
(2) メスシリンダーの目もりは、液面の(へこんだ)下の面を、(真横)から見て読む。

100mL	50mL	ふくらんだ	へこんだ	真横	真上

だいじなまとめ メスシリンダーは、(水平)なところに置き、(真横)から目もりを見ることが大切である。

考え方 ❶ メスシリンダーの目もりを見るときは、真横から見ないと正しい量はわからない。❸(1) 1 gの水の体積は約 1 mLである。

右上につづく

33 てんびんの使い方 (p.35)

1 電子てんびんの使い方について、(　)にあてはまる言葉をかきましょう。

(1) 電子てんびんを(水平)なところに置き、スイッチを入れる。
(2) 何ものせないときの表示《ひょうじ》が(0g)となるようにする。
(3) はかるものを(静かに)のせる。
(ゆっくり)

2 下の図の□にあてはまる言葉を下の□から選んでかきましょう。

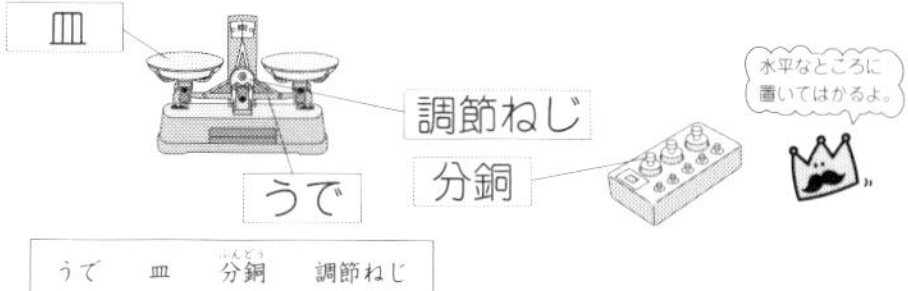

皿
調節ねじ
うで
分銅
水平なところに置いてはかるよ。

うで　皿　分銅《ふんどう》　調節ねじ

3 次の□にあてはまる言葉を答えましょう。

(1) ものの重さを正確《せいかく》にはかるには、電子□□□□などを使う。
(2) 上皿《うわざら》てんびんは、□□なところに置いて使う。
(3) 上皿てんびんは、使わないときは皿を□□に重ねておく。
(4) 皿に何ものせないとき、つり合っていない場合は、□□□□を回して、調節する。

(1) てんびん
(2) 水平
(3) 一方
(4) 調節ねじ

だいじなまとめ
(上皿てんびん)は、{水平な・かたむいた}しっかりした台の上で使う。皿に何ものせないときに針が{左右同じ・左右でちがう}はばでふれるようにする。

考え方 **1** ものの重さを正確《せいかく》にはかるには、電子てんびんなどを使う。電子てんびんは水平なところに置き、何ものせないときの表示《ひょうじ》が「0g」であることを確《たし》かめてから使うこと。

34 ものを水にとかすと重さは変わるか (p.36)

1 下の図のように、水に食塩をとかしました。㋐と㋑のビーカーの重さを比《くら》べるとどのようになりますか。正しいものの(　)に○をつけましょう。

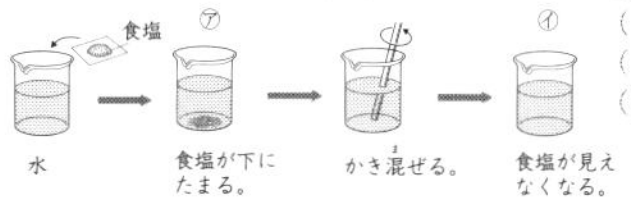

食塩
㋐
㋑
水
食塩が下にたまる。
かき混《ま》ぜる。
食塩が見えなくなる。

(　)㋐のほうが重い。
(　)㋑のほうが重い。
(○)どちらも同じ。

2 下の図のように、水と食塩の全体の重さを、とかす前後ではかりました。とかす前のⒶでは65gになりました。次の問いに答えましょう。

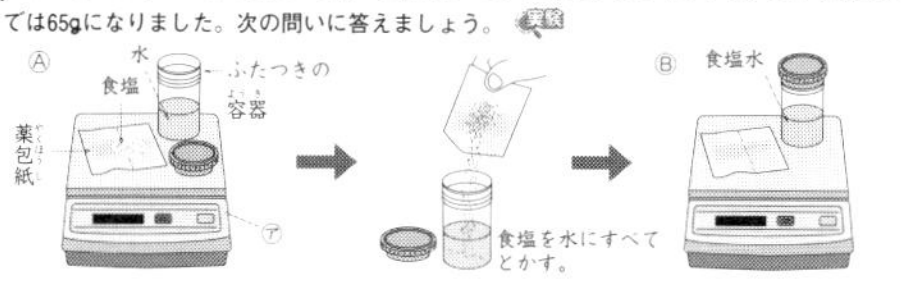

Ⓐ
水
食塩
ふたつきの容器《ようき》
薬包紙《やくほうし》
㋐
食塩を水にすべてとかす。
Ⓑ
食塩水

(1) 図の㋐は、重さをはかる道具です。㋐の名前を次の①〜③から選びましょう。
①上皿《うわざら》てんびん　②体重計　③電子てんびん　(③)
(2) 図のⒷの重さはどうなりますか。次の①〜③から選びましょう。
①65gより重い。　②65g　③65gより軽い。　(②)
(3) 次の式の(　)にあてはまる言葉を、下の□から選んでかきましょう。
・とけたものの重さ＋水の重さ＝(水よう液)の重さ
・食塩の重さ＋(水)の重さ＝(食塩水)の重さ

食塩　薬包紙　水　食塩水　水《すい》よう液《えき》

だいじなまとめ
食塩を水にとかす前の水の重さと食塩の重さをたしたものと、とかした後の水よう液の(重さ)は(同じ)である。

考え方 **1** ものがとけても重さがなくなるわけではない。**2** 「とけたものの重さ＋水の重さ＝水《すい》よう液《えき》の重さ」である。ものをとかす前ととかした後の重さを比《くら》べる。

35 ものは水に限《かぎ》りなくとけるか (p.37)

1 ミョウバンが水50mLと水100mLにどのくらいとけることができるかを調べました。□にあてはまる言葉を、下の□から選んでかきましょう。

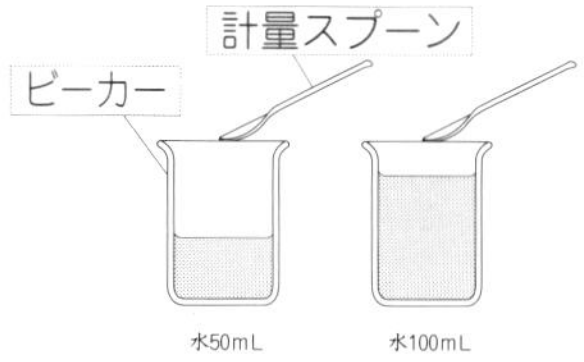

計量スプーン
ビーカー
水50mL
水100mL

水100mLにとけるミョウバンの量は、水50mLにとけるミョウバンの量の約 2倍 でした。

半分　2倍　ビーカー　計量スプーン

2 下の図のように、水50mL、水100mLが入ったビーカーに食塩を5gずつ増やしてとかし、それぞれ食塩がすべてとけるかどうか調べました。下の表はその結果です。

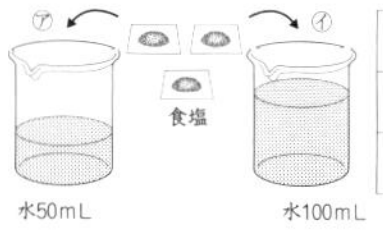

㋐
㋑
食塩
水50mL
水100mL

	5g	10g	15g	20g	25g	30g	35g	40g
㋐	○	①(○)	○	×	×	×	②(×)	×
㋑	○	○	③(○)	○	○	④(○)	○	×

○…とける　×…とけ残る

(1) 表の①〜④には、○と×のどちらが入りますか。表に記号をかきましょう。
(2) 30gまで食塩を入れた㋐に、水を50mL加えました。とけ残っていた食塩は、とけますか。とけ残りますか。　(とける)

だいじなまとめ
(食塩)もミョウバンも、一定の量の水にとける量は{限りがある・限りがない}。水の量を増やすと、とける量も(増える)。

考え方 **1** 水の量を2倍にすると、とける量も2倍になる。**2** 一定の量の水にとけるものの量には限りがあり、その限られた量をこえるととけ残る。

36 水の量とものがとける量 (p.38)

1 水の量を変えて、食塩とミョウバンのとける量をそれぞれ調べると、表のような結果になりました。次の問いに答えましょう。

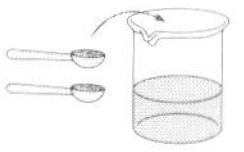

とけた食塩の量	とけたミョウバンの量
水50mLに、さじ5はい	水50mLに、さじ1はい
水100mLに、さじ(あ)はい	水100mLに、さじ2はい

(1) あに入る数字を次から1つ選んで、○をつけましょう。{5・[10]・15・20}
(2) 次の文の㋐、㋑のうち、正しいほうに○をつけましょう。
① ものが同じ量の水にとける量は、{㋐(　)どれも同じ　㋑(○)ものによってちがう}。
② 水の量を増やすと、ものが水にとける量は、{㋐(○)増える　㋑(　)変わらない}。

2 下のグラフは、50mLと100mLの水にとける食塩とミョウバンの量を表しています。次の問いに答えましょう。

(1) 50mLの水にとける量が多いのは、食塩とミョウバンのどちらですか。
(○)食塩　(　)ミョウバン
(2) 100mLの水にとける量が多いのは、食塩とミョウバンのどちらですか。
(○)食塩　(　)ミョウバン
(3) グラフから、水の量が2倍になると、とける量は何倍になりますか。
(○)2倍　(　)3倍　(　)4倍

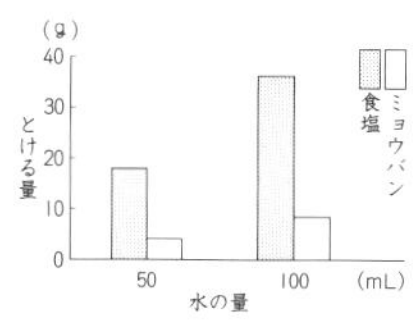

(g)
40
30
20
10
0
とける量
50
100
(mL)
水の量
食塩
ミョウバン

だいじなまとめ
水の量を増やすと、ものが{とける・とけ残る}量も(増える)。
また、一定の量の水にとけるものの量は、とかすものによって{決まっている・決まっていない}。

考え方 **1** (2)ものが水にとける量は、食塩とミョウバンでちがうように、ものによってちがう。**2** (1)(2)グラフから、同じ水の量では、食塩のほうが多くとけることがわかる。

右上につづく

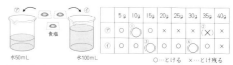

37 水の温度とものがとける量 (p.39)

1 下のグラフは、50mLの水にとける食塩とミョウバンの量を水の温度を変えて調べたものです。次の(　)にあてはまる言葉をかきましょう。

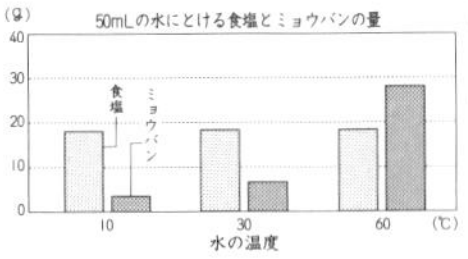

(g)
50mLの水にとける食塩とミョウバンの量
40
30
20
10
0
食塩
ミョウバン
10
30
60
(℃)
水の温度

(1) 水の温度が高くなると、ミョウバンがとける量は(増える)。
(2) 水の温度が変わっても、とける量があまり変わらないのは(食塩)である。

2 3つのビーカーに同じ量でそれぞれことなる温度の水を入れ、同じ量のミョウバンを加えてよくかき混《ま》ぜると、右の図のようになりました。この実験について、次の問いに答えましょう。

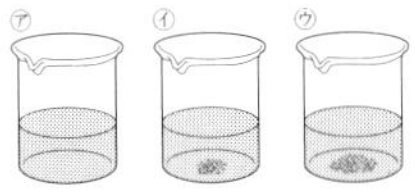

㋐
㋑
㋒

(1) ㋐〜㋒を、ミョウバンのとけ残りが多い順にならべましょう。
とけ残りが多い順(㋒ → ㋑ → ㋐)
(2) ㋐〜㋒を、水の温度が高い順にならべましょう。
水の温度が高い順(㋐ → ㋑ → ㋒)
(3) とけ残ったミョウバンをとかす方法を、次の①〜③から選びましょう。
① よく混ぜる。 ② 温度を上げる。 ③ 温度を下げる。 (②)

だいじなまとめ
(ミョウバン)は、水の温度を {上げる・下げる} と、とける量が増える。食塩は、水の温度を上げても、とける量がほとんど変化しない。

考え方 1 (1)水の温度が高くなると、ミョウバンはとける量が増《ふ》える。(2)食塩は、水の温度が変わってもとける量はあまり変わらない。

38 とかしたものを取り出す① (p.40)

1 60℃の水50mLにミョウバン20gを入れてかき混《ま》ぜると、全部とけて、ミョウバンの水《すい》よう液《えき》ができました。この水よう液をしばらく置くと、下の図のように、白いつぶが出てきました。この白いつぶが出てきたのはなぜですか。次の文の正しいほうに○をつけましょう。

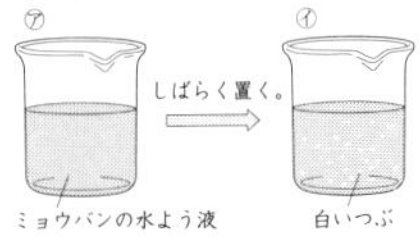

㋐
㋑
しばらく置く。
ミョウバンの水よう液
白いつぶ

ミョウバンは、水の温度を上げると、とける量が大きく{増える・減る}。その後㋐の水よう液の温度が{上がる・下がる}と、とけきれなくなったミョウバンのつぶが㋑のように出てくる。

2 下の図のように、50mLの水が入った㋐〜㋒のビーカーに、ミョウバンをとけるだけとかしました。㋐〜㋒の水の温度は、それぞれ10℃、30℃、60℃でした。この㋐〜㋒のビーカーをしばらく置いておいて、温度がどれも部屋《へや》の温度(15℃)と同じになると、図の①〜③のようになりました。㋐〜㋒の結果を①〜③から選びましょう。

㋐
㋑
㋒
10℃
30℃
60℃
①
②
③
つぶはない。
つぶが多い。
つぶが少ない。

㋐(①) ㋑(③) ㋒(②)

3 次の□にあてはまる言葉を答えましょう。
(1) ミョウバンの水よう液を①□□□と、とけ切れなくなった②□□□□□のつぶが出てくる。
(2) 食塩水を冷やしても食塩はあまり□□□□□□。

(1)① 冷やす
② ミョウバン
(2) 取り出せない
(現れてこない)

だいじなまとめ
(ミョウバン)の水よう液を {温める・冷やす} と、その温度ではとけることができなくなった分の、ミョウバンのつぶを取り出せる。

考え方 1 しばらく置いておくと、水《すい》よう液《えき》の温度が下がる。温度が下がると、とけきれなくなったものが出てくる。2 水の温度によって、とける量がちがう。

39 ろ過《か》 (p.41)

1 下の図の□にあてはまる言葉を、下の□から選んでかきましょう。

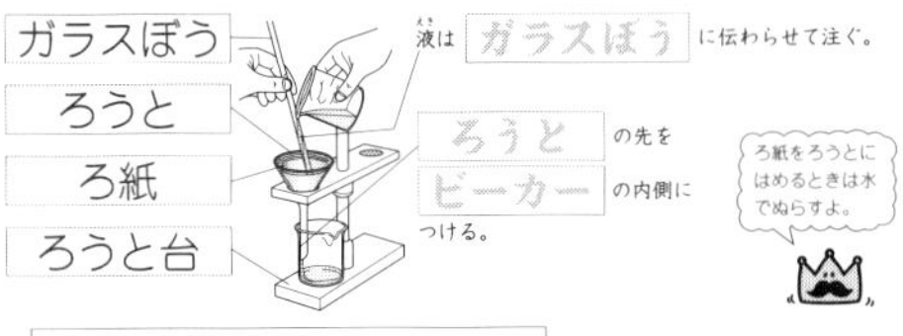

ガラスぼう
ろうと
ろ紙
ろうと台
液《えき》は ガラスぼう に伝わらせて注ぐ。
ろうと の先を
ビーカー の内側に
つける。
ろ紙をろうとにはめるときは水でぬらすよ。

ガラスぼう　ろ紙　ろうと台　ろうと

2 下の図のような方法で、つぶが混《ま》ざった液をつぶと液に分けます。次の問いに答えましょう。

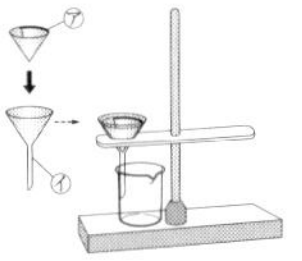

㋐
㋑

(1) この方法を何といいますか。 (ろ過)
(2) ㋐を㋑にぴったりつける正しい方法を次の①〜③から選びましょう。 (②)
①手で強くおしつける。 ②水でぬらす。
③セロハンテープではりつける。
(3) 液を注ぐようすで、正しい方法を右の図のあ〜うから選びましょう。 (い)

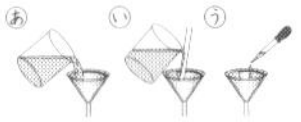

あ
い
う

(4) つぶが混ざった液を(3)のようにしてしばらく置くと、つぶと液はそれぞれどうなりますか。Ⓐ とⒷから選びましょう。
Ⓐ…㋐の中に残る。Ⓑ…㋐を通ってビーカーに出ていく。
つぶ(Ⓐ) 液(Ⓑ)

だいじなまとめ
水《すい》よう液《えき》の中のつぶは、ろ紙でこして {取り出す・混ぜる} ことができる。ろ紙でこすことを(ろ過)という。

考え方 2 とけ残ったものを取り出すときに、ろ過をする。とけ残りのつぶをろ紙でこして取り出す。

40 とかしたものを取り出す② (p.42)

1 ミョウバンを水に入れてかき混《ま》ぜると、図1のようにとけ残りができました。これをあたためると、図2のように全部とけ、そのままにしておくと、冷えて図3のようにつぶが現《あらわ》れてきました。次の問いに答えましょう。

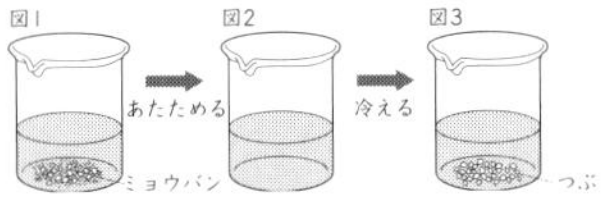

図1
図2
図3
あたためる
冷える
ミョウバン
つぶ

(1) 次の文にあてはまる言葉を、右の㋐〜㋓から選んで記号で答えましょう。
ミョウバンは、温度が高いと水によくとけ、図2のようなミョウバンの(㋑)になる。これが冷えると、図3のように(㋒)色のつぶが現れてくる。

㋐つぶ	㋑水《すい》よう液《えき》
㋒白	㋓黒

(2) 図3の液をあたためるとつぶはどうなりますか。正しいものに○をつけましょう。
(　)増えていく。 (　)そのまま変わらない。 (○)とけていく。

2 ミョウバンを水に入れて混ぜて実験しました。次の問いに答えましょう。

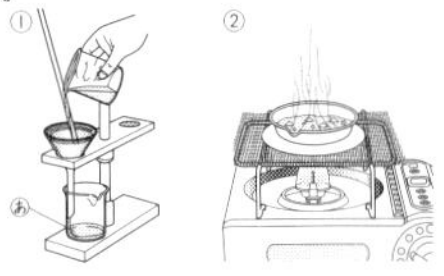

①
②
あ

① ろ過《か》して、とけ残ったミョウバンのつぶを取り出す。
② ①でろ過した液をじょう発皿に入れて熱して、水をじょう発させる。

②の結果とわかることについて、次の㋐、㋑から正しいほうを選んで記号で答えましょう。 (㋑)
㋐ じょう発皿には何も残らないので、あの液には何もふくまれていない。
㋑ じょう発皿にはミョウバンが残るので、あの液にもミョウバンがふくまれている。

だいじなまとめ
ミョウバンの水よう液を(じょう発皿)に取り、水を加熱して {じょう発・ろ過} させると、とけていたミョウバンが現れる。

考え方 1 ミョウバンは水の温度によって、とける量が変わる。2 ろ過《か》した液《えき》を熱して水をじょう発させると、とけていたものが現《あらわ》れる。

右上につづく

41 まとめのテスト1 (p.43)

1 下の図のように、重さを調べる実験をしました。次の問いに答えましょう。

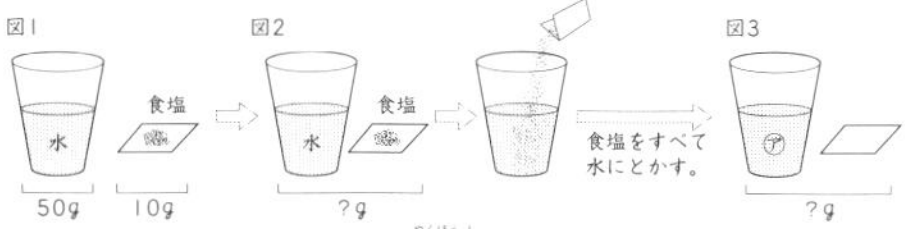

図1
食塩
水
50g
10g
図2
食塩
水
?g
食塩をすべて水にとかす。
図3
㋐
?g

(1) 図1のように、水と容器、食塩と薬包紙《やくほうし》をそれぞれはかると50g、10gでした。図2のように、全体の重さをはかると何gになりますか。 (60g)

(2) 図3のように、食塩を水にとかしてから全体の重さをはかると何gになりますか。 (60g)

(3) ㋐は、食塩が水にとけてできた液《えき》です。何といいますか。2通り答えましょう。
①食塩の(水よう液)
②(食塩水)

(4) この実験からわかることを式に表しました。( )にあてはまる言葉をかきましょう。
食塩の重さ+①(水)の重さ=②(食塩水 ((食塩の)水よう液))の重さ

2 下のグラフは、50mLの水にとける食塩とミョウバンの量と、水の温度との関係を表したものです。次の問いに答えましょう。

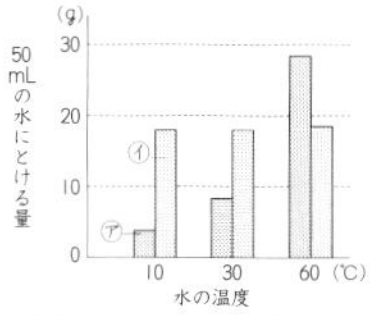

(g)
30
20
10
0
50mLの水にとける量
㋐
㋑
10
30
60 (℃)
水の温度

(1) 10℃の同じ量の水にとける量が多いのは、㋐と㋑のどちらですか。 (㋑)

(2) 水の温度が変わっても、とける量があまり変わらないのは、㋐と㋑のどちらですか。 (㋑)

(3) 水の温度によって、とける量が大きく変わるのは、㋐と㋑のどちらですか。 (㋐)

(4) ㋐と㋑は、食塩とミョウバンのどちらですか。 ㋐(ミョウバン) ㋑(食塩)

考え方 **1** (4)「食塩の重さ+水の重さ=食塩水(食塩の水《すい》よう液《えき》)の重さ」であることをおさえる。**2** 食塩のとける量は、水の温度がちがってもほとんど変わらない。

42 まとめのテスト2 (p.44)

1 下の図のⒶのように、水に食塩を入れてかき混《ま》ぜると、とけ残ったつぶが見られたので、Ⓑのようにして液《えき》をこしました。次の問いに答えましょう。

Ⓐ
Ⓑ
食塩
㋐
㋑
㋒
㋓
㋔
㋕

(1) Ⓑの方法を何といいますか。 (ろ過)

(2) ㋐~㋔の名前を下の□から選んでかきましょう。
㋐(ろうと台)
㋑(ろうと)
㋒(ろ紙)
㋓(ガラスぼう)
㋔(ビーカー)

ろ紙	ろうと台	ビーカー	ガラスぼう	ろうと

(3) ㋕はどのような液ですか。正しいほうに○をつけましょう。
①( )水 ②(◯)食塩水

2 右のグラフは、水50mLにとけるあるものの量を表しています。次の問いに答えましょう。

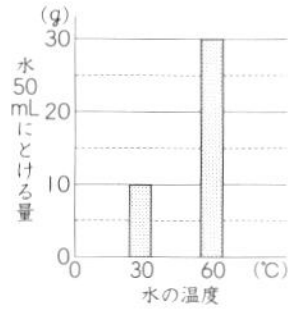

(g)
30
20
10
0
水50mLにとける量
0
30
60 (℃)
水の温度

(1) 30℃の水50mLにとけるあるものの量は、何gですか。 (10g)

(2) 60℃の水50mLにとけるあるものの量は、何gですか。 (30g)

(3) 60℃の水50mLにあるものをとけるだけとかした液を30℃に冷やすと、つぶが何g出てきますか。 (20g)

考え方 **1** ろ過《か》するときの実験のようすを覚えておこう。**2** 水の温度によって、とける量が変わるものがある。このことを利用して、とかしたものを取り出すことができる。

43 コイルのつくり方 (p.45)

1 次の□にあてはまる言葉を□から選んでかきましょう。

〔コイルのつくり方〕

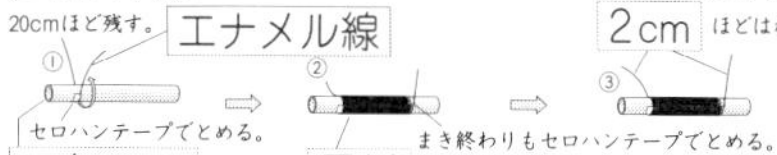

20cmほど残す。
① エナメル線
セロハンテープでとめる。
ストロー
②
同じ 向きにまく。
まき終わりもセロハンテープでとめる。
両はしのエナメルを紙やすりで
2cm ほどはがす。
③

エナメル線	ストロー	同じ	2cm	10cm

導線《どうせん》を同じ向きに何回もまいたものをコイルというよ。

2 下の図のような回路をつくり、その性質《せいしつ》を調べました。

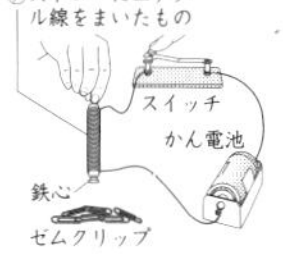

㋐ストローにエナメル線をまいたもの
スイッチ
かん電池
鉄心
ゼムクリップ

(1) 図の㋐を何といいますか。正しいものに○をつけましょう。
( )磁石 (◯)コイル ( )回路

(2) スイッチを入れ、㋐を近づけると、ゼムクリップはどうなりますか。
(◯)鉄心にくっつく。 ( )鉄心からはなれる。

(3) (2)の後スイッチを切ると、ゼムクリップはどうなりますか。
( )鉄心にくっつく。 (◯)鉄心からはなれる。

(4) この実験から、この回路の鉄心はどのような性質をもつことがわかりますか。正しく説明したものを㋐~㋒から選んで、記号で答えましょう。 (㋑)
㋐ 電流を流しても磁石の性質をもたない。
㋑ 電流を流すと磁石の性質をもつ。
㋒ 電流を流しても流さなくても磁石の性質をもつ。

だいじなまとめ 導線を同じ向きに何回もまいたものを(コイル)という。コイルに鉄心を入れ、電流を流すと、磁石の性質を {もつ・もたない}。これを(電磁石)という。

考え方 **1** エナメル線(導線《どうせん》の一種)をまくときは同じ向きにまく。**2** 電磁石《でんじしゃく》には、電流を流すと磁石になる性質《せいしつ》がある。

44 電磁石《でんじしゃく》のN《エヌ》・S《エス》極 (p.46)

1 下の図の□にあてはまる言葉を、下の□から選んでかきましょう。

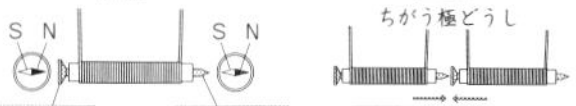

S N
S N
ちがう極どうし

S極　N極　引き合う

N	S	引き合う	しりぞけ合う

2 右の図のように、コイルに鉄心を入れた回路をつくりました。次の問いに答えましょう。

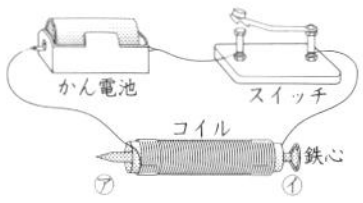

かん電池
スイッチ
コイル
鉄心
㋐
㋑

(1) コイルの両はしに方位磁針《じしん》を置き、コイルに電流を流したところ下の図のように針が動きました。鉄心の㋐、㋑はそれぞれ何極になりましたか。 ㋐(S極) ㋑(N極)

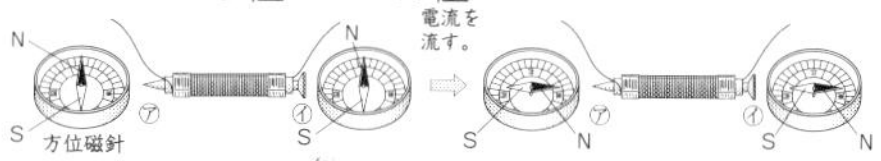

N
S
方位磁針
㋐
㋑
N
S
電流を流す。
S
N
㋐
㋑
S
N

(2) (1)の㋐、㋑の極をそれぞれ逆《ぎゃく》にするには、どうすればよいですか。正しいほうに○をつけましょう。
(◯)かん電池の向きを逆につなぐ。
( )スイッチをつなぐ向きを逆にする。

3 次の□にあてはまる言葉を答えましょう。
回路のかん電池の向きを逆にすると、①□□の向きが逆になり、電磁石の極が②□になる。
① 電流
② 逆

だいじなまとめ 電磁石にも(N極)と(S極)があり、流れる電流の向きを逆にすると極も {逆になる・変わらない}。

考え方 **1** 電磁石に電流を流すと磁石のはたらきをもつようになるため、N・S極ができる。**2** (2)電流の向きが逆《ぎゃく》になると、電磁石の極も逆になる。

右上につづく

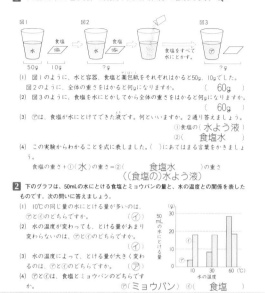

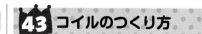

45 電流計・電源《でんげん》そうちの使い方 (p.47)

1 下の図の□にあてはまる言葉を下の□から選んでかきましょう。

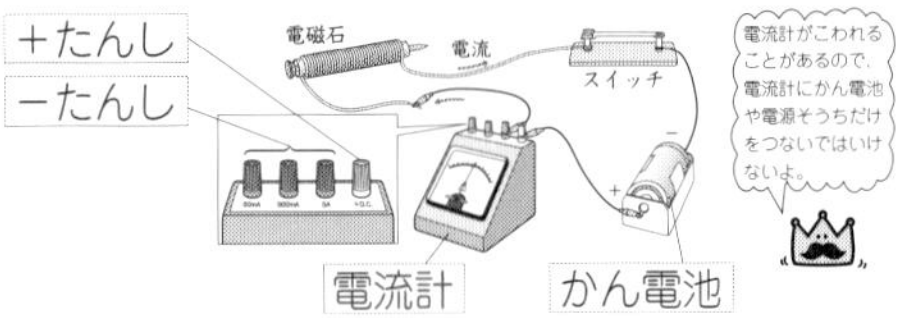

＋たんし
－たんし
電磁石
電流
スイッチ
電流計
かん電池
電流計がこわれることがあるので、電流計にかん電池や電源そうちだけをつないではいけないよ。

－《マイナス》たんし　＋《プラス》たんし　かん電池　電流計

2 右の図のような電流計を使って、電磁石に流れる電流の大きさを調べました。次の問いに答えましょう。

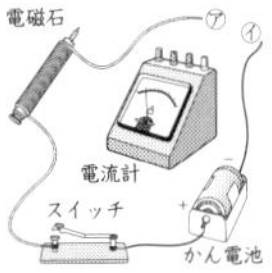

電磁石
㋐
㋑
電流計
スイッチ
かん電池

(1) 電流計の＋たんしにつなぐ導線《どうせん》は、㋐と㋑のどちらですか。（㋐）

(2) 電流計の3つの－たんしのうち、初めにつなぐたんしを次の①〜③から選び、記号で答えましょう。
① 5A　② 500mA　③ 50mA　（①）

(3) 5Aの－たんしにつないで電流の大きさを調べると、右の図のようになりました。電流の大きさを答えましょう。

（1.8A）

(4)  かん電池の代わりに左の図のそうちを使うと、時間がたっても同じ大きさで電流を流すことができます。これを何といいますか。（電源そうち）

だいじなまとめ （電流計）を使うと、回路を流れる（電流）の大きさをはかることができる。

考え方 2 (1)(2)電流計の＋《プラス》たんしには電池の＋極側を、－《マイナス》たんしには－極側をつなぐ。電流計の－たんしにつなぐとき、初めにつなぐたんしは5 A《アンペア》のたんしである。

46 電流の大きさと電磁石《でんじしゃく》の強さ (p.48)

1 下の図のような回路をつくり、電流の大きさを変えて、持ち上がるゼムクリップの数を調べました。（　）にあてはまる言葉をかきましょう。

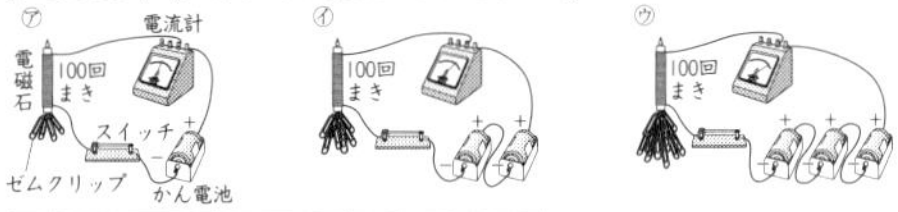

㋐
㋑
㋒
電磁石
電流計
100回まき
スイッチ
ゼムクリップ
かん電池

	かん電池の数	電流	ゼムクリップの数
㋐	1個	1.4A《アンペア》	10個
㋑	2個	2.8A	20個
㋒	3個	4.2A	30個

かん電池の数が多いほど、電流は（大きく）なり、持ち上がるゼムクリップの数は（多く）なります。

2 右の図のような回路で、かん電池の数を変えて、電磁石の強さを比《くら》べました。次の問いに答えましょう。

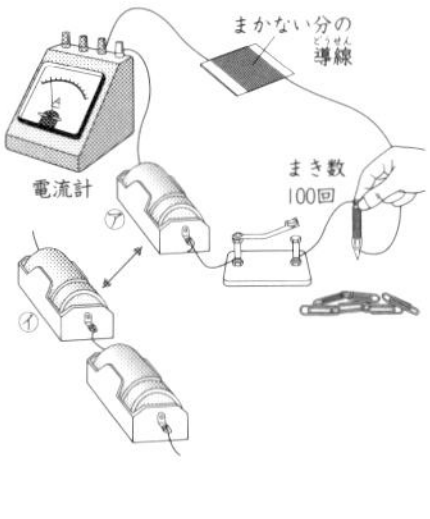

まかない分の導線《どうせん》
電流計
まき数100回
㋐
㋑

(1) ㋐と㋑では、どちらの方が多くのゼムクリップが持ち上がりますか。（㋑）

(2) ㋐と㋑では、コイルを流れる電流はどちらが大きいですか。（㋑）

(3) 次の文の（　）にあてはまる言葉をかきましょう。
(1)と(2)から、電磁石が鉄を引きつける力は、コイルに流れる電流を（大きく）すると、強くなることがわかる。

だいじなまとめ （電磁石）の強さは、コイルに流れる電流を大きくすると｛強く・弱く｝なり、電流を小さくすると｛強く・弱く｝なる。

考え方 1 かん電池を直列につないで数を増《ふ》やすと、コイルに流れる電流が大きくなる。2 コイルに流れる電流が大きいと、電磁石の磁石としての性質《せいしつ》が強くなる。

47 コイルのまき数と電磁石《でんじしゃく》の強さ (p.49)

1 下の図のような回路をつくり、コイルのまき数を変えて、持ち上がるゼムクリップの数を調べました。（　）にあてはまる言葉を下の□から選んでかきましょう。

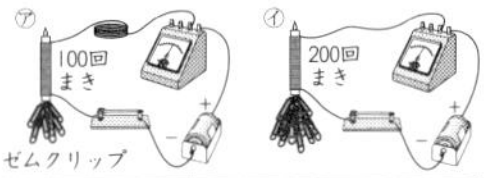

㋐
100回まき
㋑
200回まき
ゼムクリップ

	コイルのまき数	電流	ゼムクリップの数
㋐	100回	1.8A《アンペア》	14個
㋑	200回	1.8A	20個

コイルのまき数が多いほど、電磁石が鉄を引きつける力は（強く）なり、持ち上がるゼムクリップの数は（多く）なる。

コイルのまき数が変わると電磁石の強さも変わるね。

強く　弱く　少なく　多く

2 下の図のような回路で、コイルのまき数を変えて、電磁石の強さを比《くら》べました。次の問いに答えましょう。

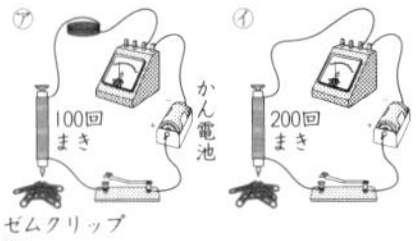

㋐
㋑
100回まき
かん電池
200回まき
ゼムクリップ

(1) コイルのまき数が100回(㋐)と200回(㋑)では、どちらが多くのゼムクリップを持ち上げますか。記号で答えましょう。（㋑）

(2) ㋐と㋑では、電磁石が鉄を引きつける力はどちらが強いですか。（㋑）

(3) （　）にあてはまる言葉をかきましょう。
(1)と(2)から、電磁石が鉄を引きつける力は、コイルのまき数を（多く）すると、強くなることがわかる。

だいじなまとめ 電磁石の強さは、（コイル）のまき数を多くすると｛強く・弱く｝なり、持ち上がるゼムクリップの数は｛多く・少なく｝なる。

考え方 1 コイルのまき数が多くなると、電磁石が鉄を引きつける力も大きくなる。2 実験をするときには、かん電池の数は同じにするなど、比《くら》べるもの以外の条件《じょうけん》を同じにする。

48 まとめのテスト1 (p.50)

1 下の図のような回路に電流を流すと、電磁石《でんじしゃく》のⒶの部分に方位磁針《じしん》のN極《エヌ》が引き寄《よ》せられました。次の問いに答えましょう。

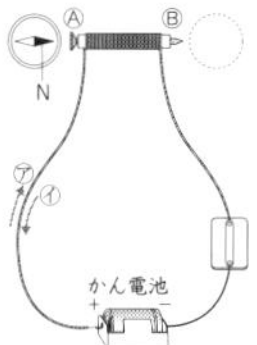

Ⓐ
Ⓑ
N
㋐
㋑
かん電池

(1) 流れる電流の向きは㋐、㋑のどちらですか。（㋐）

(2) 電磁石のⒶの部分はN極、S《エス》極のどちらですか。（S極）

(3) 図の◯の位置に方位磁針を置くと、針《はり》の向きはどのようになりますか。①〜④から選び、記号で答えましょう。（②）

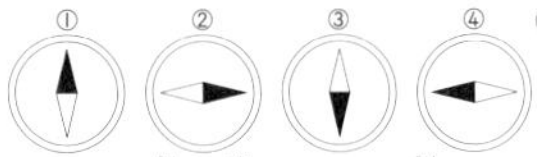

①
②
③
④

(4) かん電池の＋《プラス》極と－《マイナス》極のつなぎ方を逆にすると、流れる電流の向きは、図の㋐と㋑のどちらになりますか。（㋑）

(5) (4)のとき、電磁石のN極は、Ⓐ、Ⓑのどちらになりますか。（Ⓐ）

2 下の図を見て、電流計の使い方について、次の問いに答えましょう。

(1) かん電池の＋極からの導線は、電流計のどのたんしにつなぎますか。＋か－で答えましょう。（＋）

(2) かん電池の－極、スイッチ、電磁石の順につないだ後、電磁石からの導線は、最初に電流計の次の㋐〜㋒のどこのたんしにつなぎますか。（㋑）

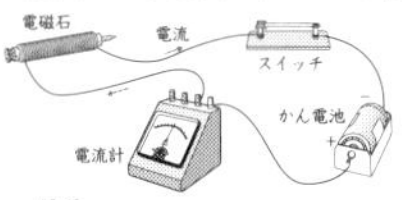

電磁石
電流
スイッチ
かん電池
電流計

㋐ ＋たんし　㋑ 5Aの－たんし　㋒ 50mA《ミリアンペア》の－たんし

(3) スイッチを入れて、電流計の針のふれが小さすぎるときはどうしますか。㋐〜㋒から選び、記号で答えましょう。（㋑）
㋐ －たんしを50mA、500mAと順につなぎかえる。
㋑ －たんしを500mA、50mAと順につなぎかえる。
㋒ かん電池の向きを入れかえる。

(4) 次の文で正しいものには○、まちがっているものには×をつけましょう。
（○）電流計にかん電池だけをつないではいけない。
（×）100mAは、1Aである。

考え方 1 (1)電流には流れる向きがある。かん電池の＋《プラス》極と－《マイナス》極の向きに気をつけよう。2 (4)1000mA《ミリアンペア》が1 A《アンペア》である。

右上につづく

49 まとめのテスト2 (p.51)

1 下の図のようにして、かん電池の数やコイルのまき数を変えて、電磁石《でんじしゃく》の強さを比《くら》べました。次の問いに答えましょう。実験

(1) ㋐と㋑では、どちらの電流が大きいですか。記号で答えましょう。 (㋑)

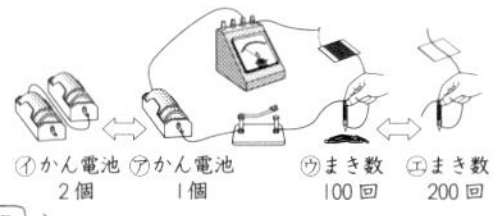

㋐かん電池 2個
㋑かん電池 1個
㋒まき数 100回
㋓まき数 200回

(2) ㋒のまき数のとき、㋐と㋑では、電磁石が持ち上げるゼムクリップの数は、どちらが多いですか。｛㋐・㋑｝

(3) ㋐の電池の数のとき、㋒と㋓では、電磁石が持ち上げるゼムクリップの数は、どちらが多いですか。｛㋒・㋓｝

(4) 次の文は電磁石の強さについての説明です。( )にあう言葉をかきましょう。
電磁石が鉄を引きつける力は、コイルを流れる電流を(大きく)したり、コイルのまき数を(多く)したりすると、強くなる。

2 電磁石の性質《せいしつ》を調べるために、下の図のような回路をつくりました。次の問いに答えましょう。実験

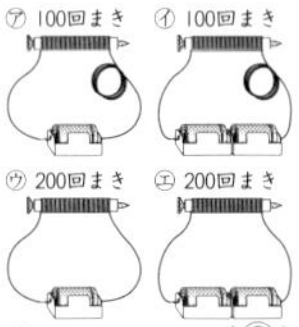

㋐ 100回まき
㋑ 100回まき
㋒ 200回まき
㋓ 200回まき

(1) ㋐と㋒では、余《あま》った導線《どうせん》を切らないでそのままにしておきます。その理由を説明した次の文の( )にあてはまる言葉をかきましょう。
100回まきのコイルを使った回路と200回まきのコイルを使った回路で導線の(長さ)を変えないため。

(2) 次の①と②から、どのようなことがわかりますか。下のⒶ～Ⓒからそれぞれ選び、記号で答えましょう。
① ㋐と㋑の電磁石が鉄を引きつける力の大きさを比べる。 (Ⓒ)
② ㋐と㋒の電磁石が鉄を引きつける力の大きさを比べる。 (Ⓐ)
Ⓐ コイルのまき数と、電磁石が鉄を引きつける力との関係
Ⓑ 電流の大きさと、コイルのまき数との関係
Ⓒ 電流の大きさと、電磁石が鉄を引きつける力との関係

(3) 電磁石が鉄を引きつける力が最も強いものは図の㋐～㋓のどれですか。 (㋓)

(4) 電磁石が鉄を引きつける力が最も弱いものは図の㋐～㋓のどれですか。 (㋐)

考え方 **1** 電磁石《でんじしゃく》の強さを比《くら》べるときは、かん電池の数のちがうもの、コイルのまき数のちがうものどうしでそれぞれを調べる。**2** (1)比べること以外の条件《じょうけん》は同じにしておく。

50 ふりこについて (p.52)

1 下の図の□にあてはまる言葉を下の□から選んでかきましょう。実験

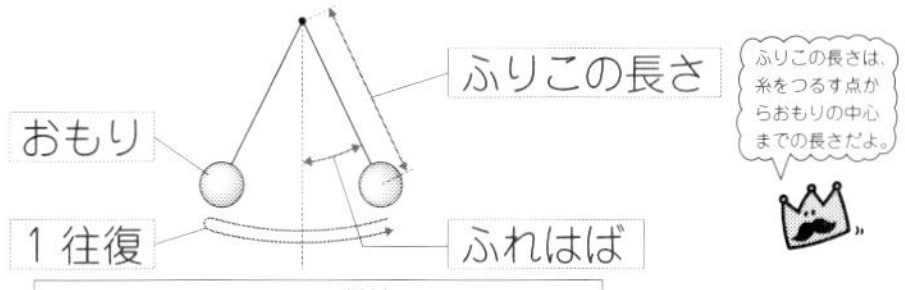

ふりこの長さ
おもり
1往復
ふれはば
ふりこの長さは、糸をつるす点からおもりの中心までの長さだよ。

おもり	ふれはば	1往復《おうふく》	ふりこの長さ

2 下の図Ⓐのように、おもりを糸につるしてふりました。次の問いに答えましょう。

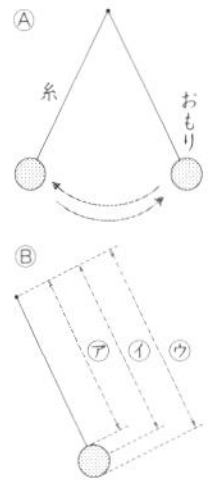

Ⓐ
糸
おもり
Ⓑ
㋐ ㋑ ㋒

(1) おもりを糸などにつるして、ふれるようにしたものの名前を、次の①～③から選んでかきましょう。 (②)
①てこ ②ふりこ ③たいこ

(2) ふりこの長さを表しているのは、右の図Ⓑの㋐～㋒のどれですか。 (㋑)

(3) 次のもののうち、(1)のものを利用しているものに○をつけましょう。
( )くぎぬき
( )トング
(○)ふりこ時計

だいじなまとめ 糸などにおもりをつるして、ふれるようにしたものを、(ふりこ)という。

考え方 1 「ふりこの長さ」は、糸をつるす点からおもりの中心までの長さである。「ふりこの1往復《おうふく》」とは、ふりこのおもりが、ふらせ始めた位置にもどるまでのことである。

51 ふりこが1往復《おうふく》する時間と条件《じょうけん》 (p.53)

1 ふりこが1往復する時間は、何に関係するかを調べました。次の問いに答えましょう。実験

㋐ ㋑ ㋒

(1) 右の図から、ふりこの1往復の動きで、正しいものを選んで記号をかきましょう。 (㋒)

(2) ふりこのおもりの重さを重くすると、ふりこが1往復する時間はどのようになりますか。正しいものを選んで( )に○をつけましょう。
( )長くなる。 ( )短くなる。 (○)変わらない。

2 ふりこの長さだけを変えて、他の条件が同じふりこが10往復する時間を3回ずつはかり、ふりこが1往復する時間を比《くら》べました。次の問いに答えましょう。実験

(1) 実験の結果は、下の表のようになりました。( )に数字をかきましょう。
※電たくを使ってもよいです。
※小数第2位を四捨五入《ししゃごにゅう》しましょう。

3でわる　10でわる

ふりこの長さ	1回め	2回め	3回め	3回の合計	1回あたりの10往復する時間	1往復する時間
25cm	9.9秒	10.0秒	10.1秒	㋐(30.0)秒	㋑(10.0)秒	㋒(1.0)秒
50cm	14.3秒	14.1秒	14.2秒	㋓(42.6)秒	㋔(14.2)秒	㋕(1.4)秒

(2) この実験の結果からわかることをまとめました。正しいものに○をつけましょう。
①(○)ふりこの長さが長いほど、1往復する時間は長くなる。
②( )ふりこの長さが長いほど、1往復する時間は短くなる。
③( )ふりこの長さを変えても、1往復する時間は変わらない。

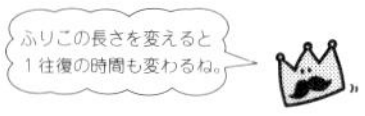

ふりこの長さを変えると1往復の時間も変わるね。

だいじなまとめ ふりこが1往復する時間は、ふりこの｛長さ・重さ｝で変わる。
(ふりこの長さ)が長いと、1往復する時間は｛長く・短く｝なる。

考え方 1 (2)おもりの重さは、1往復する時間には関係しない。2 (2)ふりこの長さは、1往復する時間に関係し、長いほど、1往復する時間が長くなる。

52 まとめのテスト (p.54)

1 下の図①のふりこについて、ふりこが1往復《おうふく》する時間を調べました。その後、図②～④のようにふりこの条件《じょうけん》を変えて、1往復する時間を調べました。次の問いに答えましょう。実験

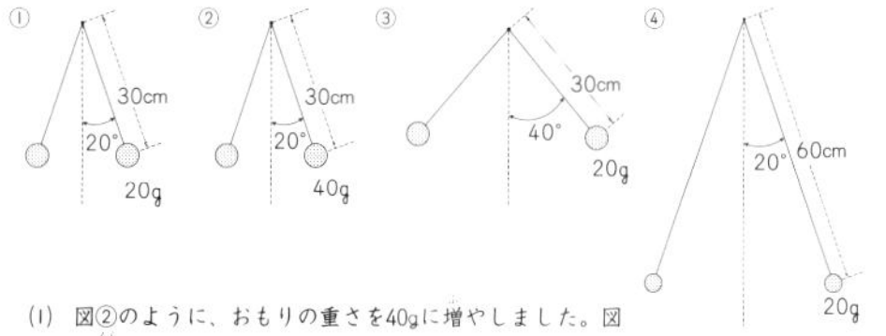

①
30cm
20°
20g
②
30cm
20°
40g
③
30cm
40°
20g
④
20°
60cm
20g

(1) 図②のように、おもりの重さを40gに増やしました。図①と比《くら》べて、1往復する時間はどうなりますか。
(変わらない)

(2) 図③のように、ふれはばを40°と大きくしました。図①と比べて、1往復する時間はどうなりますか。
(変わらない)

(3) 図④のように、ふりこの長さを60cmと長くしました。図①と比べて、1往復する時間はどうなりますか。
(長くなる)

2 ふりこが1往復する時間を、以下のようにふりこの条件を変えて調べました。次の文の( )にあてはまる言葉をかきましょう。実験

(1) ふりこが1往復する時間を調べる実験では、ふりこの長さ、おもりの重さ、ふりこのふれはばの3つの条件のうち、どれか(1)つずつを変えて調べる。
(2) ふりこの長さを変えたときは、1往復する時間が(変わる)。
(3) おもりの重さを変えたときは、1往復する時間が(変わらない)。
(4) ふりこのふれはばを変えたときは、1往復する時間が(変わらない)。
(5) したがって、ふりこが1往復する時間は、おもりの(重さ)やふれはばを変えても変わらず、ふりこの(長さ)を変えると変わる。
(6) ふりこが1往復する時間を長くするには、ふりこの長さを(長く)すればよい。

考え方 **1** **2** ふりこが1往復《おうふく》する時間は、ふりこの長さによって変わり、ふりこのふれはばやおもりの重さを変えても変わらない。

右上につづく

53 ヒトの受精卵《じゅせいらん》 (p.55)

1 ヒトのたんじょうについて、次の問いに答えましょう。

(1) 右の図は、ヒトの受精《じゅせい》が起こる直前のようすをスケッチしたものです。□にあてはまる言葉を下の□から選んでかきましょう。

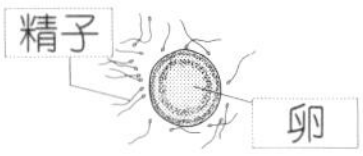

精子
卵

精子《せいし》　卵《らん》　羊水《ようすい》　養分

(2) 下の図は、ヒトの育っていくようすを表したものです。育つ順に番号をつけましょう。

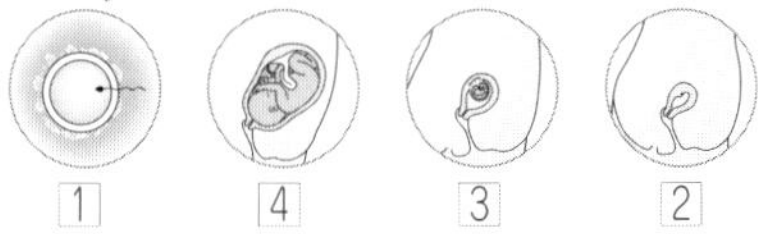

1
4
3
2

2 次の問いに答えましょう。また、□にあてはまる言葉を答えましょう。

(1) ヒトは、たんじょうするまで母親の①□□の中で、母親から養分をもらって育つ。①の中は、②□□という液体《えきたい》で満たされている。

(2) へそのおは、母親の体のどことつながっていますか。

(3) たいばんは、子どもが養分など必要なものを□□からもらい、いらないものをわたすところである。

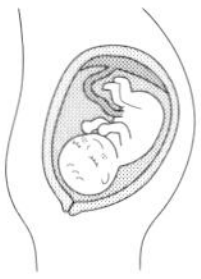

(1)① 子宮
② 羊水
(2) たいばん
(3) 母親

養分などはへそのおを通して受け取るよ。

だいじなまとめ
女性《じょせい》の体内でつくられた卵(卵子《らんし》)が、男性の体内でつくられた精子と結びつくことを(受精)といい、受精した卵を(受精卵)という。
ヒトは母親の子宮で(羊水)という液体につかって育つ。

考え方 2 母親の体内では、子宮《しきゅう》のかべにあるたいばんから、へそのおを通して養分などを受け取り、いらないものをわたしている。

54 ヒトがたんじょうするまで (p.56)

1 下の図は、子宮《しきゅう》の中でヒトの子どもが育っているようすです。□にあてはまる言葉を下の□から選んでかきましょう。

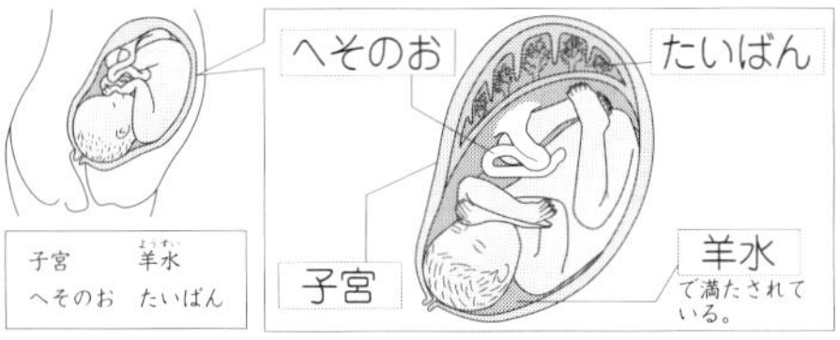

へそのお
たいばん
子宮
羊水
で満たされている。

子宮　羊水《ようすい》
へそのお　たいばん

2 下の図は、母親の体の中で、ヒトの子ども(受精卵《じゅせいらん》)が育っていくようすを表しています。( )にあてはまる言葉を下の□から選んでかきましょう。

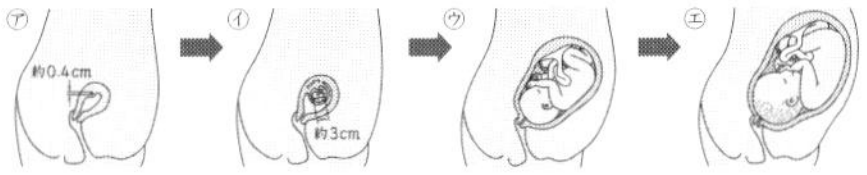

㋐
約0.4cm
㋑
約3cm
㋒
㋓

(1) 受精卵は、母親の(子宮)の中で育つ。

(2) 図の㋓は、約(32週)めで、体に丸みが出て、かみの毛やつめが生えてくる。

子宮　たいばん
2週　32週

3 次の問いに答えましょう。また、□にあてはまる言葉を答えましょう。

(1) ヒトは、子宮の中で□□という液体《えきたい》につかって育つ。　(1) 羊水
(2) 養分などは、たいばんから□□□□を通して受け取る。　(2) へそのお
(3) 卵《らん》と精子《せいし》が結びつくことを何といいますか。　(3) 受精

だいじなまとめ
ヒトの子どもは、母親の(子宮)の中で、たいばんから(へそのお)を通して養分をもらって育ち、受精《じゅせい》して約38週間でたんじょうする。

考え方 1 3 「たいばん」と「へそのお」は、母親と子どもをつなぐ大切な役わりを果たしている。

55 まとめのテスト (p.57)

1 下の図は、母親の子宮《しきゅう》の中でヒトの子どもが育っていくようすを表しています。次の問いに答えましょう。(2)～(4)は下の□から選んでかきましょう。

(1) ヒトの卵《らん》の直径は、約何mmですか。次のうち最もあてはまるものに○をつけましょう。

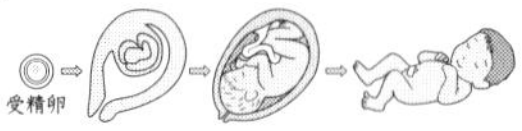

受精卵

(○)0.14mm　(　)3mm　(　)5mm

(2) ヒトは受精《じゅせい》してから子どもが生まれるまで、約何週間かかりますか。　(38週間)

(3) 生まれたばかりのヒトの子どもの身長は、約何cmですか。　(50cm)

(4) 生まれたばかりのヒトの子どもの体重は、約何gですか。　(3000g)

2週間　38週間　100cm　50cm　30000g　3000g

2 下の図は、母親の子宮の中のヒトの子どものようすです。次の問いに答えましょう。

(1) 図の㋐～㋓にあてはまる言葉を下の□から選んでかきましょう。

㋐(へそのお)　㋑(たいばん)
㋒(羊水)　㋓(子宮)

子宮　たいばん　へそのお　羊水《ようすい》

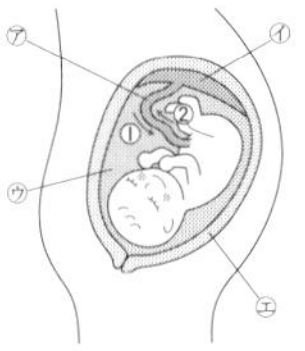

㋐
㋑
㋒
㋓
①
②

(2) 図の①と②の矢印は、母親と子どもとの間でやり取りされるものの流れを示《しめ》しています。何がやり取りされていますか。下の□から選んでかきましょう。

①(養分)
②(いらないもの)

養分　いらないもの　乳《ちち》

考え方 1 生まれるまでの期間や生まれたときの身長や体重は、あくまでも「目安」にすぎず、一人《ひとり》ひとりにちがいがあることも理解《りかい》しておこう。

右上につづく

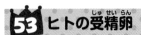

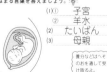